"十四五"职业教育国家规划教材　　国家职业教育大数据技术专业教学资源库配套教材　　高等职业教育计算机类课程新形态一体化教材

U0273555

数据可视化

主　编　史小英　李圣良　徐希炜

副主编　朱晓彦　蔡政策　孟庆杰

　　　　王永刚

中国教育出版传媒集团

高等教育出版社·北京

内容简介

本书为"十四五"职业教育国家规划教材,同时也是国家职业教育大数据技术专业教学资源库配套教材。

本书面向高职高专学生编写,介绍数据可视化的基础知识、jQuery 和 Bootstrap 前端网页可视化技术、ECharts 开源图表框架以及 Flask 后端网页服务器技术、Vue 前端框架、开源 BI 工具 Superset 的环境配置与使用,最后通过一个项目"招聘分析监控系统——数据可视化子系统"将以上技术进行综合运用。

本书配有微课视频、课程标准、授课计划、授课用 PPT、案例素材等丰富的数字化学习资源。与本书配套的数字课程"数据可视化"在"智慧职教"平台(www.icve.com.cn)上线,学习者可登录平台在线学习及资源下载,授课教师可调用本课程构建符合自身教学特色的 SPOC 课程,详见"智慧职教"服务指南。教师也可发邮件至编辑邮箱 1548103297@qq.com 获取相关资源。

本书可作为高等职业院校或应用型本科院校的大数据技术专业教材,也可作为期望从事大数据相关工作人员的自学参考书。

图书在版编目(CIP)数据

数据可视化 / 史小英,李圣良,徐希炜主编. --北京:高等教育出版社,2021.11(2024.12 重印)
ISBN 978-7-04-056105-0

Ⅰ. ①数… Ⅱ. ①史… ②李… ③徐… Ⅲ. ①可视化软件-数据处理-高等职业教育-教材 Ⅳ. ①TP31

中国版本图书馆 CIP 数据核字(2021)第 086442 号

Shuju Keshihua

策划编辑 傅 波	责任编辑 傅 波	封面设计 王 琰		版式设计 王艳红
插图绘制 黄云燕	责任校对 刘娟娟	责任印制 刘思涵		

出版发行	高等教育出版社	网 址	http://www.hep.edu.cn
社 址	北京市西城区德外大街 4 号		http://www.hep.com.cn
邮政编码	100120	网上订购	http://www.hepmall.com.cn
印 刷	天津画中画印刷有限公司		http://www.hepmall.com
开 本	787mm×1092mm 1/16		http://www.hepmall.cn
印 张	14.5		
字 数	310 千字	版 次	2021 年 11 月第 1 版
购书热线	010-58581118	印 次	2024 年 12 月第 4 次印刷
咨询电话	400-810-0598	定 价	33.80 元

本书如有缺页、倒页、脱页等质量问题,请到所购图书销售部门联系调换

"智慧职教" 服务指南

"智慧职教"（www.icve.com.cn）是由高等教育出版社建设和运营的职业教育数字教学资源共建共享平台和在线课程教学服务平台，与教材配套课程相关的部分包括资源库平台、职教云平台和 App 等。用户通过平台注册，登录即可使用该平台。

● 资源库平台：为学习者提供本教材配套课程及资源的浏览服务。

登录"智慧职教"平台，在首页搜索框中搜索"数据可视化"，找到对应作者主持的课程，加入课程参加学习，即可浏览课程资源。

● 职教云平台：帮助任课教师对本教材配套课程进行引用、修改，再发布为个性化课程（SPOC）。

1. 登录职教云平台，在首页单击"新增课程"按钮，根据提示设置要构建的个性化课程的基本信息。

2. 进入课程编辑页面设置教学班级后，在"教学管理"的"教学设计"中"导入"教材配套课程，可根据教学需要进行修改，再发布为个性化课程。

● App：帮助任课教师和学生基于新构建的个性化课程开展线上线下混合式、智能化教与学。

1. 在应用市场搜索"智慧职教 icve"App，下载安装。

2. 登录 App，任课教师指导学生加入个性化课程，并利用 App 提供的各类功能，开展课前、课中、课后的教学互动，构建智慧课堂。

"智慧职教"使用帮助及常见问题解答请访问 help.icve.com.cn。

前　言

　　职业教育专业教学资源库建设项目是教育部、财政部为深化高职院校教育教学改革，加强专业与课程建设，推动优质教学资源共建共享，提高人才培养质量而启动的国家级建设项目。本书是"国家职业教育大数据技术专业教学资源库"建设项目的重要成果之一，也是资源库课程开发成果和资源整合应用实践的重要载体。本书为"十四五"职业教育国家规划教材，同时也是国家职业教育大数据技术专业教学资源库配套教材。

　　大数据时代，人们利用各种大数据处理和分析框架对数据进行加工处理后，需要将最终的结果形象直观地展现出来，这时就需要综合运用多种大数据可视化技术。在大数据可视化概念出现之前，其实人们对于数据可视化的应用便已经很广泛了，大到人口统计数据，小到学生成绩统计，都可通过可视化展现，探索其中规律。如今数据可以用多种方法来进行可视化，每种可视化方法又有着不同的侧重点。本书主要介绍 jQuery、Bootstrap 前端网页可视化技术、ECharts 开源图表框架、Flask 后端网页服务器技术、Vue 前端框架、开源 BI 工具 Superset 的环境配置与使用，最后通过一个项目"招聘分析监控系统——数据可视化子系统"将以上技术进行综合运用。

　　本书共分为 8 个项目。

　　项目 1：主要介绍大数据可视化的具体概念和相关发展历史，并简要介绍其中用到的各种大数据可视化技术。

　　项目 2：主要内容是 JS 框架 jQuery 的配置和使用，包括如何遍历网页中的 DOM 元素、选择 DOM 元素、动态更改样式、实现动画，以及如何使用 Ajax 和服务器进行异步通信等。

　　项目 3：主要介绍开源图表框架 ECharts 的使用。ECharts 可以快速生成各种美观的图表，如折线图、柱状图、饼图、散点图、热力图，还可以在地图上进行标注。

　　项目 4：主要介绍 Bootstrap 前端网页框架的使用。Bootstrap 中的响应式页面布局可以自动适配多种终端，并且包含大量的预定义组件，可以直接在项目中使用，大大减轻前端网页的可视化任务。

　　项目 5：所有的大数据可视化技术都需要有一个强大的后台服务器的支撑，Flask 是一个 Python 的 Web 后台框架。本项目主要介绍 Flask 中的视图、模板和如何与数据库进行交互。

　　项目 6：主要介绍 Vue 实例的创建、模板语法和路由的使用。Vue 是基于标准 HTML、CSS 和 JavaScript 构建，并提供了一套声明式的、组件化的编程模型，有助于高效地开发用户界面。

　　项目 7：主要介绍 Superset 的安装配置、数据库连接和图表、Dashboard 的制作。Superset 是目前开源的数据分析和可视化工具中比较好用的，功能简单但可以满足基本的需求，支持多种数据源，图表类型多，易维护，易进行二次开发。

　　项目 8：主要通过一个项目案例"招聘分析监控系统——数据可视化子系统"进行实战训练。

　　本书由史小英、李圣良、徐希炜担任主编，朱晓彦、蔡政策、孟庆杰、王永刚担任副主编。具体编写分工如下：史小英编写项目 5、项目 6、项目 7，李圣良编写项目 3，徐希炜编写项目 4，朱晓彦编写项目 2，蔡政策编写项目 1，孟庆杰、王永刚编写项目 8。全书由史小英、李圣良、徐希炜完成统稿和审稿，案例由北京四合天地科技有限公司提供。

本次修订加印，为加快推进党的二十大精神进教材、进课堂、进头脑，增加了基于 Vue 前端技术的数据可视化、基于 BI 工具的可视化报表制作两个项目内容，以深化"科技是第一生产力"理念；对全书配套案例进行修订，如项目 1 中增加国家大数据战略和可视化发展趋势等介绍，以培养学生的创新意识，提高自信；重新设计教材结构体系，将全书 6 章改进为 8 个项目，每个项目下安排多个任务，并在每个项目后增加小结、练习内容，体现职业教育理实一体化教学思想，将实施科教兴国战略、人才强国战略落到实处。

本书既可作为高职院校或应用型本科院校大数据技术相关专业的教材，也可用作大数据可视化技术的入门学习参考书。本书配有微课视频、授课用 PPT、案例素材和源代码等丰富的数字化学习资源。与本书配套的数字课程"数据可视化"已在"智慧职教"平台（www.icve.com.cn）上线。教师也可发邮件至编辑邮箱 1548103297@qq.com 获取相关资源。

由于编者水平有限，书中难免有不妥与疏漏之处，欢迎广大读者给予批评指正。

编　者

2023 年 6 月

目　　录

项目 1
数据可视化概述

　　大数据，是以容量大、类型多、存取速度快、应用价值高为主要特征的数据集合，正日益对全球生产、流通、分配、消费活动以及经济运行机制、社会生活方式和国家治理能力产生越来越重要的影响。

　　大数据时代，数据正在成为一种生产资料，成为一种稀有资产和新兴产业。任何一个行业和领域都会产生有价值的数据，而对这些数据的统计、分析、挖掘和人工智能处理则会创造意想不到的价值和财富。

　　数据可视化，是指将枯燥的数据通过可视的、交互的方式进行展示，从而形象、直观地表达数据蕴含的信息和规律。数据可视化是大数据技术中重要的组成部分。本书主要介绍数据可视化过程使用到的各种技术。

 学习目标 | 【 知识目标 】

（1）了解数据可视化概念。

（2）了解数据可视化技术的发展历史。

（3）了解常用的数据可视化技术。

【 能力目标 】

（1）掌握如何合理地选择数据可视化技术。

（2）牢记数据为主，数据可视化为辅的原则。

任务 1.1　数据可视化概念和发展历史

任务描述

数据可视化与信息图形、信息可视化、科学可视化以及统计图形密切相关。当前，在研究、教学和开发领域，数据可视化是一个极为活跃而又关键的内容。

任务目标

① 了解数据可视化。
② 了解数据可视化发展历史。

知识储备

微课 1-1
什么是数据可视化

1. 什么是数据可视化

数据可视化，是指将枯燥的数据通过可视的、交互的方式进行展示，从而形象、直观地表达数据蕴含的信息和规律。数据可视化，不仅仅是统计图表。本质上，任何能够借助于图形的方式展示事物原理、规律、逻辑的方法都叫数据可视化。

数据可视化主要借助于图形化手段，清晰有效地传达信息。但是，这并不意味着数据可视化就一定令人感到枯燥乏味，或者是为了看上去绚丽多彩而显得极端复杂。为了有效地传达思想观念，美学形式与功能需要并重，通过直观地传达关键的信息与特征，从而实现对于稀疏而又复杂的数据集的深入洞察。如果设计人员不能很好地把握设计与功能之间的平衡，就容易创造出华而不实的数据可视化形式，无法达到传达与沟通信息的主要目的。

数据可视化与信息图形、信息可视化、科学可视化以及统计图形密切相关。当前，在研究、教学和开发领域，数据可视化是一个极为活跃而又关键的方面。早期的数据可视化作为咨询机构、金融企业的专业工具，其应用领域较为单一，应用形态较为保守。步入大数据时代后，各行各业对数据的重视程度与日俱增，随之而来的是对数据进行一站式整合、挖掘、分析、可视化的需求日益迫切。数据可视化呈现出愈加旺盛的生命力，表现之一就是视觉元素越来越多样，从朴素的柱状图、饼状图、折线图，扩展到地图、气泡图、树图、仪表盘等各式各样的图形；表现之二是可用的开发工具越来越丰富，从专业的数据库、财务软件，扩展到基于各类编程语言的可视化库，相应的应用门槛也越来越低。

2. 数据可视化历史

数据可视化发展史与测量、绘画、人类现代文明的启蒙和科技的发展一脉相承。在地图、科学与工程制图、统计图表中，可视化理念与技术已经应用和发展了数百年。

微课 1-2
数据可视化历史 01

（1）17 世纪前：图表的萌芽

16 世纪，人类已经掌握了精确的观测技术和设备，也采用手工方式制作可视化作品。可视化的萌芽出自几何图表和地图生成，其目的是展示一些重要的信息，见图 1-1 和图 1-2。

图 1-1　3200 年前的苏美尔人黏土板城市地图

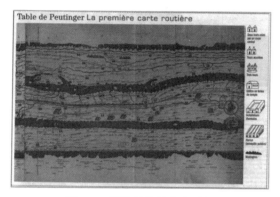

图 1-2　罗马城的城市交通图

（2）1700—1799 年：图形符号

进入 18 世纪，绘图师不再满足于在地图上展现几何信息，发明了新的图形化形式（等值线、轮廓线）和其他物理信息的概念图（地理、经济、医学），见图 1-3。随着统计理论、实验数据分析的发展，抽象图和函数图被广泛应用。

图 1-3　1758 年的三维金字塔颜色系统可视化

1765 年，Joseph Priestley 发明了时间线图，见图 1-4，采用了单个线段表示某个人的一生，同时比较了公元前 1200 年到公元 1750 年间 2 000 个著名人物的生平。这幅作品直接激发了柱状图的诞生。

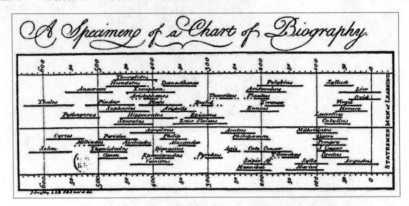

图 1-4 1765 年 Joseph Priestley 发明的时间线图

18 世纪是统计图形学的繁荣时期，其奠基人 William Playfair 发明了折线图、柱状图、饼图和圆图等今天常用的统计图表，见图 1-5 和图 1-6。

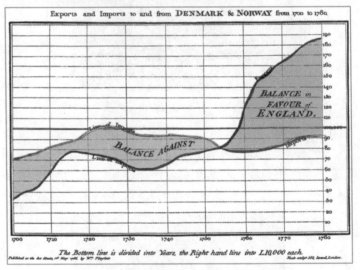

图 1-5 丹麦和挪威 1700—1780 年间的贸易进出口序列图

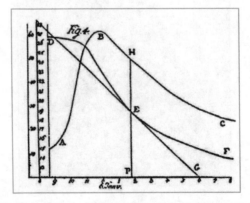

图 1-6 德国物理学家 Lambert 用于表达水的蒸发和时间之间关系的线图可视化

（3）1800—1900 年：数据图形

随着工艺设计的完善，19 世纪上半叶，统计图形、概念图等迅猛发展，此时人们已经掌握了整套统计数据可视化工具，包括柱状图、饼图、直方图、折线图、时间线、轮廓线等。关于社会、地理、医学和经济的统计数据越来越多，将国家的统计数据和其可视表达放在地图上，产生了概念制图的新思维，其作用开始体现在政府规划和运营中。采用统计图表来辅助思考的同时衍生了可视化思考的新方式：图表用于表达数学证明和函数；列线图用于辅助计算；各类可视化显示用于表达数据的趋势和分布，便于人们交流、获取和可视化观察。

图 1-7 和图 1-8 展示了部分实例。

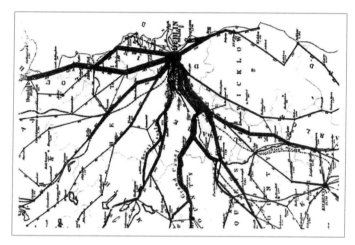

图 1-7　1837 年的一幅流图，用可变宽度的线段显示了交通运输的轨迹和乘客数量

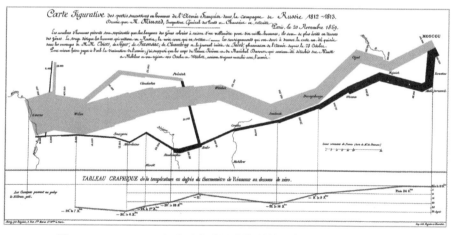

图 1-8　1812—1813 年拿破仑进军莫斯科的历史事件的流图可视化

19 世纪下半叶，系统地构建可视化方法的条件日渐成熟，进入了统计图形学的黄金时期。值得一提的是法国人 Charles Joseph Minard。他是将可视化应用于工程和统计的先驱者。其最著名的工作是 1869 年发布的描绘 1812—1813 年拿破仑进军莫斯科大败而归的历史事件的流图，这幅图如实地呈现了军队的位置和行军方向、军队汇聚、分散和重聚的地点与时间、军队减员的过程、撤退时低温造成的减员等信息，见图 1-8。

微课 1-3
数据可视化历史 02

（4）1975—1987 年：多维统计图形

20 世 70 年代以后，台式计算机操作系统、计算机图形学、图形显示设备、人机交互等技术的发展激发了人们编程实现交互式可视化的热情。处理范围从简单的统计数据扩展为更复杂的网络、层次、数据库、文本等非结构化与高维数据。与此同时，高性能计算、并行计算的理论与产品正处于研制阶段，催生了面向科学与工程的大规模计算方法。数据密集型计算开始走上历史舞台，也造就了对于数据分析和呈现的更高需求。

1977 年，美国统计学家 John Tukey 发表了"探索式数据分析"的基本框架，它的重点并不是可视化的效果，而是将可视化引入统计分析，促进对数据的深入理解。1982 年，Edward Tufte 出版了 *The Visual Display of Quantitative Information* 一书，构建了关于信息的二维图形显示的理论，强调有用信息密度的最大化问题。这些理论会同 Jacques Berlin 的图形符号学，逐渐推动信息可视化发展成一门学科。

图 1-9 和图 1-10 展现了部分具有里程碑意义的信息可视化方法。

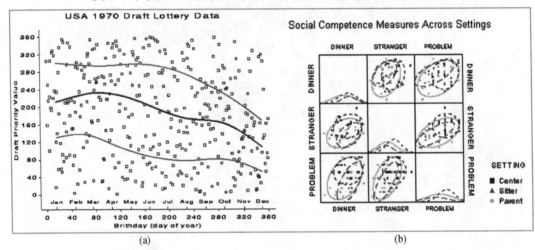

(a) (b)

图 1-9 1975 年发明的增强散点图表达

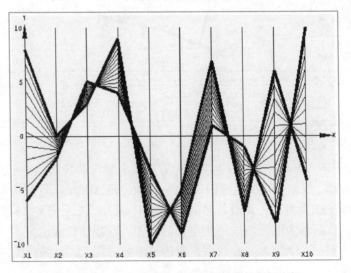

图 1-10 1985 年发明的表达高维数据的平行坐标

（5）1987 年至今：交互可视化

1986 年 10 月，美国国家科学基金会主办了一次名为"图形学、图像处理及工作站专题讨论"的研讨会，旨在为从事科学计算工作的研究机构提出方向性建议。会议将计算机图形学和图像方法应用于计算科学的学科称为"科学计算之中的可视化"（Visualization in Scientific Computing，ViSC）。

1987 年 2 月，美国国家科学基金会召开了首次有关科学可视化的会议，召集了众多来自学术界、工业界以及政府部门的研究人员，会议报告正式命名并定义了科学可视化（scientific visualization），认为可视化有助于统一计算机图形学、图像处理、计算机视觉、计算机辅助设计、信号处理和人机界面中的相关问题，具有培育和促进科学突破和工程实践的潜力。同年，在图形学会议 ACM SIGGRAPH 上，来自美国 GE 公司的 William Lorensen 和 Harvey Cline 发表了《移动立方体法》一文，开创了科学可视化的热潮。这篇论文是有史以来 ACM SIGGRAPH 会议被引用最多的论文。

20 世纪 70 年代以后，放射影像从 X 射线发展到计算机断层扫描（CT）和核磁共振图像（MRI）技术。1989 年，美国国家医学图书馆（NLM）实施可视化人体计划。科罗拉多大学医学院将一具男性尸体和一具女性尸体从头到脚做 CT 扫描和核磁共振扫描，男的扫描间距 1 mm，共 1878 个断面；女的扫描间距 0.33 mm，共 5189 个断面，然后将尸体填充蓝色乳胶并裹以明胶后冰冻至-80℃，再以同样的间距对尸体作组织切片的数码相机摄影，如图 1-11 所示，分辨率为 2048 px×1216 px，所得数据共 56 GB。这两套数据集极大地促进了三维医学可视化的发展，成为可视化标杆式的应用范例。

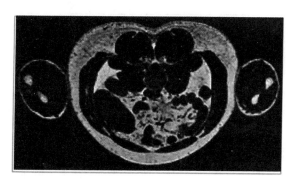

图 1-11　可视化人体数据切片之一

1990 年，IEEE 举办了首届 IEEE Visualization Conference，汇集了一个由物理、化学、计算、生物医学、图形学、图像处理等交叉学科领域研究人员组成的学术群体。2012 年，为突出科学可视化的内涵，会议更名为 IEEE Conference on Scientific Visualization。

自 18 世纪后期统计图形学诞生后，针对抽象信息的视觉表达手段仍然在不断发展，被用于揭示数据及其他隐匿模式的奥秘。与此同时，数字化的非几何的抽象数据如金融交易、社交网络、文本数据等大量涌现，促生了多维、时变、非结构化信息的可视化需求。

任务 1.2　可视化如何帮助决策

微课 1-4
如今的数据可视化

任务描述

数据有多种视觉展示的方式。然而，其中仅有少数方式能够用人们视觉上看得懂且观察到的新模式来刻画数据。在大多数情况下，数据集的可视化可能有不同的形式，但是总会有一些人能够画出比其他人更清晰的图片来帮助理解。在一些情况下，必须通过多次分析才能对可视化有更好的理解。

任务目标

了解可视化的适用范围。

知识储备

1. 数据可视化适用的范围

对数据可视化的使用范围存在着不同的观点。比如，有专家认为数据可视化是可视化的一个子类目，主要处理统计图形、抽象的地理信息或概念型的空间数据。现在的主流观点将数据可视化看成传统的科学可视化和信息可视化的泛称，即处理对象可以是任意数据类型、任意数据特征以及异构异质数据的组合。

大数据时代的数据复杂性更高，如数据的流模式获取、非结构化、语义的多重性等。可视化技术提供了将不可见转换为可见的方法。它丰富了科学发现的过程，促进对未知事物的领悟。近年来，可视化的应用范围随着计算机技术、图形学技术的发展而不断拓宽，除了继续在传统的医学、航空学、汽车设计、气象预报和海洋学等领域的深入研究外，随着互联网技术和电子商务的发展，数据可视化已经成为可视化技术的热点研究内容。应用可视化技术，可以在具有大量高维信息的金融、通信和商业领域中发现数据中所隐含的内在规律，从而为决策提供依据。

2. 当今的数据可视化发展现状

现如今数据可视化已无处不在，日常消费支出、电子商务、超市零售等处都可以看到数据可视化的身影。人们每个月花费多少，各项花销占比等都可以在支付平台的统计页面中看得清清楚楚；在电子商务网站的商家后台，可以看到商品的浏览量、流量转化率、客户地域分布等信息；难以理解的数据变成了可理解的图表，更好地帮助人们在生活的各个方面调整自己的决策。

无论是哪种职业和应用场景，数据可视化都有一个共同的目的，那就是准确而高效、精简而全面地传递信息和知识。可视化能将不可见的数据现象转换为可见的图形符号，能将错综复杂、看起来无法解释和无关联的数据，建立起联系和关联，发现其中的规律和特征，获得更有商业价值的洞见和价值。

任务 1.3　数据可视化技术

微课 1-5
数据可视化技术

任务描述

数据可视化技术有很多种，但本书只关注 Web 中的数据可视化技术。

任务目标

掌握 Web 中的数据可视化技术。

知识储备

1.　HTML 5 Canvas

2012 年 12 月 17 日，万维网联盟（W3C）正式宣布凝结了大量网络工作者心血的 HTML 5 规范已经正式定稿。根据 W3C 的发言稿称："HTML 5 是开放的 Web 网络平台的奠基石"。

2013 年 5 月 6 日，HTML 5.1 正式草案公布。该规范定义了第五次重大版本，第一次要修订万维网的核心语言：超文本标记语言（HTML）。在这个版本中，新功能不断推出，以帮助 Web 应用程序的作者努力提高新元素的互操作性。

这次草案的发布，从 2012 年 12 月 27 日开始，进行了多达近百项的修改，包括 HTML 和 XHTML 的标签，以及相关的 API、Canvas 等，同时 HTML 5 的图像 img 标签及 svg 也进行了改进，性能得到进一步提升。

<Canvas></Canvas>是 HTML 5 出现的新标签，像所有的 DOM 对象一样它有自己本身的属性、方法和事件。使用 Canvas 的基本方式是，使用 JavaScript 调用 Canvas 的 API 绘图。

原生的 JavaScript API 很烦琐，调用起来比较麻烦，于是有很多 JavaScript 库（如 jQuery 等）将其封装以方便使用，HTML 5 Canvas 也有相应的 JavaScript 库。

① Chart.js：该库将很多基本统计图的实现方法封装起来，只要通过简单调用即可以实现。这个库的优点就是简单易用，不过如果要做深度定制恐怕还不太够用。

② KineticJS：是近年来 Canvas 类库中的新秀。这个库的优点是在处理大量对象的时候速度很快，因为使用了多种 Canvas 技术。在它的官网上甚至能找到很多类似于 Flash 动画的例子。另外它的教程也不错。考虑到其他库很多时候依赖例子定制，而这个文档写得好对于自主设计更有效，因此其可能是目前最强的库。

③ ECharts：一个由百度前端发起的 Canvas 国产类库。这个 ECharts 其实是在 Canvas 类库 zrender 的基础上做的主题图库。优点是有数据驱动，图例丰富，功能强大，支持数据拖曳重计算，数据区域漫游，并且是全中文文档。本书主要内容就是根据 ECharts 开发实施使用的。

2.　SVG

关于 SVG 技术，W3C 的定义如下：

- SVG 指可伸缩矢量图形（Scalable Vector Graphics）。
- SVG 用来定义用于网络的基于矢量的图形。
- SVG 使用 XML 格式定义图形。
- SVG 图像在放大或改变尺寸的情况下其图形质量不会有所损失。
- SVG 是万维网联盟的标准。
- SVG 与诸如 DOM 和 XSL 之类的 W3C 标准是一个整体。

当然，使用 SVG 时人们通常也是使用类库来提升效率。这里的类库主要有以下三种。

① Highcharts：在现代浏览器中使用 SVG 绘图，在 IE6、IE7、IE8 中用 VML 绘图，包含一堆预定义的图表和样式，唯一的问题是收费，这个库只对非商业用途免费。

② Raphael：以著名画家拉斐尔命名的绘图 JS 库，跟 Highcharts 类似，也是 SVG + VML 兼容性方案。但它是开源的，应用也比较广泛。

③ D3.js：D3 的全称是 Data-Driven Documents（数据驱动文档），D3.js 是应用在 Web 开发上的开源 JavaScript 组件库，是一个数据可视化工具。D3.js 应用得最为广泛，不过它只支持 SVG。

3. WebGL

前面说的绘图技术，无论 Canvas 还是 SVG 都不能绘制 3D 图形。很多在网页上显示 3D 图形的方案，都需要在计算机上安装相应的插件（例如 Flash、Silverlight）。之前曾经有过很多 Web 3D 渲染技术，但不是要下载插件，就是编程复杂，于是渐渐被时代淘汰。WebGL 是一项使用 JavaScript 实现 3D 绘图的技术，浏览器无须插件支持，Web 开发者直接使用 JavaScript 调用相关 API 就能借助系统显卡（GPU）进行编写代码从而呈现 3D 场景和对象。

WebGL 的 JavaScript 框架可以减少工作量并提供一些有趣的例子。

① PhiloGL 是专注于 3D 可视化的一个 WebGL 框架。

② three.js 是团队 Data Arts 出品的基于 WebGL 的 3D 场景库，它的演示十分有趣。

微课 1-6
数据可视化技术与应用

任务 1.4　数据可视化的应用

任务描述

数据可视化在现实生活中应用比较广泛，本任务介绍了一些主要应用。

任务目标

了解现实生活中数据可视化的主要应用。

知识储备

1. 宏观态势可视化

宏观态势可视化是指在特定环境中对随时间推移而不断变化的目标实体

进行觉察，可以直观、灵活、逼真地展示宏观态势，可以很快掌握某一领域的整体态势、特征。

2. 设备仿真运行可视化

通过图像、三维动画以及计算机程控技术与实体模型相融合，实现对设备的可视化表达，使管理者对其所管理的设备有形象具体的概念，对设备所处的位置、外形及所有参数一目了然，会大大减少管理者的劳动强度，提高管理效率和管理水平，是"工业4.0"涉及的"智能生产"的具体应用之一。

3. 数据统计分析可视化

数据统计分析可视化是目前提及最多的应用，普遍应用于商业智能、政府决策、公众服务、市场营销等领域。借助于可视化的数据图表，可以清晰有效地传达与沟通信息，如图1-12所示。

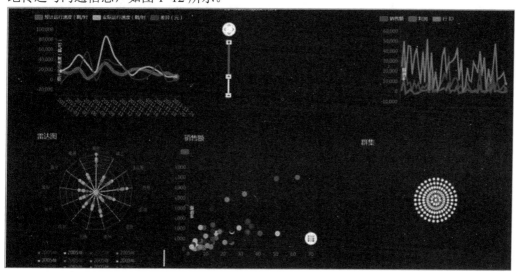

图1-12 可视化数据图表

项目小结

1. 数据可视化的概念和历史。
2. 可视化助力决策。
3. 数据可视化技术。
4. 数据可视化应用。

课后练习

一、选择题

1. 折线图、柱状图、显示局部与整体关系的饼状图和圆图等今天这些最常用的统计图表是在（　　　）发明的。

  A．19 世纪   B．20 世纪

  C．18 世纪   D．21 世纪

 2．大数据战略上升为国家战略是在（   ）。

  A．十二五规划中   B．十三五规划中

  C．十四五规划中   D．十五五规划中

 3．2012 年 12 月 17 日，万维网联盟（W3C）正式宣布凝结了大量网络工作者心血的（   ）规范已经正式定稿。

  A．HTML 3   B．HTML 4

  C．HTML 5   D．HTML 6

 4．（   ）是一个由百度前端发起的 Canvas 国产类库，优点是数据驱动，图例丰富，功能强大，支持数据拖曳重计算、数据区域漫游，并且是全中文文档。

  A．chart.js   B．KineticJS

  C．D3.js   D．ECharts

 5．（   ）是一项使用 JavaScript 实现 3D 绘图的技术，浏览器无需插件支持。

  A．Canvas   B．SVG

  C．Flash   D．WebGL

二、简答题

 1．什么是数据可视化？

 2．简述 SVG 技术的特点。

项目 2

jQuery 的使用

　　构建市场招聘需求分析监控系统，主要用到数据可视化的技术是 Web 界面中的图表展现，将数据转换成更易理解的信息，如职位地域分布图、职位月度变化趋势图等。其中会用到 jQuery、Bootstrap、ECharts 等开源技术，而 jQuery 是后面两种技术的基础，主要通过它来选择网页中的元素，并对元素的属性和样式进行修改。本项目主要介绍 jQuery 的使用，为后面的其他技术打下良好的基础。

学习目标 | 【知识目标】

（1）了解 jQuery 框架的特点。

（2）掌握使用 jQuery 中基本的 DOM 操作。

（3）掌握 jQuery 中事件的处理。

（4）掌握 jQuery 中 Ajax 异步通信接口操作。

【能力目标】

（1）能够独立使用 jQuery 框架配置网页。

（2）能够独立使用 jQuery 动态处理网页元素的样式和内容。

（3）能够独立使用 Ajax 和后台服务器异步通信。

任务 2.1 jQuery 介绍与环境配置

任务描述

jQuery 是一个快速、简洁的 JavaScript 框架。jQuery 设计的宗旨是"write less，do more"，即倡导写更少的代码，做更多的事情。它封装了 JavaScript 常用的功能代码，提供一种简便的 JavaScript 设计模式，优化了 HTML 文档操作、事件处理、动画设计和 Ajax 交互。本任务主要介绍 jQuery 的功能和环境配置。

任务目标

① 了解 jQuery 的功能及其能发挥什么作用。
② 掌握 jQuery 在项目中使用时的环境配置。

知识储备

1. jQuery 简介

微课 2-1
jQuery 简介

jQuery 的文档非常丰富，因为其轻量级的特性，文档并不复杂，随着新版本的发布，可以很快被翻译成多种语言，这也为 jQuery 的流行提供了条件。jQuery 支持 CSS 的选择器，兼容 IE 6.0+、FF 2+、Safari 3.0+、Opera 9.0+、Chrome 等浏览器。同时，jQuery 有几千种丰富多样的插件，大量有趣的扩展和出色的社区支持，弥补了 jQuery 功能较少的不足并为 jQuery 提供了众多非常有用的功能扩展。加之其简单易学，jQuery 很快成为当今最为流行的 JavaScript 库，成为开发网站等复杂度较低的 Web 应用程序的首选 JavaScript 库，并得到了如微软等大公司的支持。

jQuery 具有如下功能。

（1）快速获取文档元素

jQuery 的选择机制构建于 CSS 的选择器，它提供了快速查询 DOM 文档中元素的能力，而且大大强化了 JavaScript 中获取页面元素的方式。

（2）提供漂亮的页面动态效果

jQuery 中内置了一系列的动画效果，可以开发出非常漂亮的网页，许多网站都使用 jQuery 的内置效果，比如淡入淡出、元素移除等动态特效。

（3）创建 Ajax 无刷新网页

Ajax 是异步的 JavaScript 和 XML 的简称，可以开发出非常灵敏无刷新的网页。特别是开发服务器端网页时，比如 PHP 网站，需要反复地与服务器通信，如果不使用 Ajax，每次数据更新不得不重新刷新网页，而使用 Ajax 特效后，可以对页面进行局部刷新，提供动态的效果。

（4）提供对 JavaScript 语言的增强

jQuery 提供了对基本 JavaScript 结构的增强，比如元素迭代和数组处理等操作。

（5）增强的事件处理

jQuery 提供了各种页面事件，程序员不用在 HTML 中添加太多事件处理代码，最重要的是，它的事件处理器消除了各种浏览器兼容性问题。

（6）更改网页内容

jQuery 可以修改网页中的内容，比如更改网页的文本、插入或者翻转网页图像，jQuery 简化了原本使用 JavaScript 代码需要处理的方式。

2. jQuery 安装使用

目前 jQuery 有三个大版本。

1.x：兼容 IE6～IE8，使用最为广泛，官方只做漏洞（Bug）修复，功能不再新增。因此对一般项目来说，使用 1.x 版本就可以了，最终版本为 1.12.4（2016年 5 月 20 日发布）。

2.x：不兼容 IE6～IE8，很少有人使用，官方只做漏洞（Bug）修复，功能不再新增。如果不考虑兼容低版本的浏览器可以使用 2.x，最终版本为 2.2.4（2016 年 5 月 20 日发布）。

微课 2-2
jQuery 初始与安装使用

3.x：不兼容 IE6～IE8，只支持最新的浏览器。除非有特殊要求，一般不会使用 3.x 版本，很多老的 jQuery 插件不支持这个版本。目前该版本是官方主要更新维护的版本，最新版本为 3.3.1（2018 年 1 月 20 日发布）。

可以通过多种方法在网页中添加 jQuery，以下是几种常用方法。

（1）从 jquery.com 下载 jQuery 库

有两个版本的 jQuery 可供下载。

① production version——用于实际的网站中，已被精简和压缩。

② development version——用于测试和开发（未压缩，是可读的代码）。

以上两个版本都可以从 jquery.com 中下载。jQuery 库是一个 JavaScript 文件，可以使用 HTML 的<script>标签引用它：

```
<head>
<script src="jquery-1.12.4.min.js"></script>
</head>
```

提示：将下载的文件放在网页的同一目录下，就可以使用 jQuery。

（2）从 CDN 中载入 jQuery，如从百度中加载 jQuery

如果不希望下载并存放 jQuery，那么也可以通过 CDN（内容分发网络）引用它。Staticfile CDN、百度、又拍云、新浪和微软的服务器都存有 jQuery。

如果站点用户是国内的，建议使用百度、又拍云、新浪等国内 CDN 地址；如果站点用户是国外的，可以使用微软的服务器。

任务实施

jQuery 库是一个 JavaScript 文件，将下载的文件存放在网页的同一目录下，可以使用 HTML 的 <script> 标签引用它。

```
1.   <head>
2.   <script src="jquery-1.12.4.min.js"></script>
3.   </head>
```

也可以从 CDN 直接引用，比如需从百度 CDN 引用 jQuery，可以使用以下代码。

```
1.    <head>
2.    <script src=" http://libs.baidu.com/jquery/1.11.1/jquery.min.js ">
3.    </script>
4.    </head>
```

任务 2.2 jQuery 中基本 DOM 操作

任务描述

DOM 是 Document Object Model 的缩写，意思是文档对象模型。DOM 是一种与浏览器、平台、语言无关的接口，使用该接口可以轻松访问页面中所有的标准组件。在页面中使用 jQuery 可以轻松地操作 DOM 元素，比如动态添加 DOM 元素、删除 DOM 元素、修改 DOM 元素的属性等。但首先要用 CSS 选择器选中要修改的 DOM 元素，然后才能修改其属性。

任务目标

① 掌握 jQuery 中$()函数的使用方法。
② 掌握使用 CSS 选择器查找元素的方法。
③ 使用 DOM 元素间的关系遍历元素。
④ 掌握 jQuery 插入元素、删除元素、复制元素、替换元素的常用方法。

知识储备

1. 理解 DOM

DOM 操作可以分为三个方面，即 DOM Core（核心）、HTM-DOM 和 CSS-DOM。

（1）DOM Core

DOM Core 可以处理任何一种使用标签的语音，不只是 HTML，还有 XML 等。在 JavaScript 中常用到的 getElementById()、getElementByTagName()、getAttribute()、setAttribute()等方法都属于 DOM Core 中的核心方法。

（2）HTML-DOM

一般而言，HTML-DOM 只是用于处理 Web 文档。

（3）CSS-DOM

CSS-DOM 主要用于获取和设置 style 对象的各种属性。每一个网页都可以用 DOM 表示出来，每个 DOM 都可以被看作一棵 DOM 树。jQuery 中的 DOM 操作主要包括建（新建）、增（添加）、删（删除）、改（修改）、查（查找）。

2. jQuery 对象

jQuery 对象是一个类数组的对象，含有连续的整型属性以及一系列的

微课 2-3
理解 DOM

jQuery 方法。它把所有的操作都包装在一个 jQuery()函数中，形成了统一（也是唯一）的操作入口。jQuery 使用$符号作为 jQuery 的简写方式。

基础语法是：$(selector).action()

使用美元符号定义 jQuery；

使用选择符（selector）"查询"和"查找"HTML 元素；

使用 action()执行对元素的操作。

实例

微课 2-4
使用$函数

```
$(this).hide() - 隐藏当前元素
$("p").hide() - 隐藏所有段落
$(".test").hide() - 隐藏所有 class="test" 的元素
$("#test").hide() - 隐藏所有 id="test" 的元素
```

如果在文档没有完全加载之前就运行 jQuery 函数，操作可能失败。示例中的所有 jQuery 函数都应该位于一个 document.ready 函数中：

```
$(document).ready(function(){
    //执行 jQuery 函数
});
```

3. jQuery 选择器

在 CSS 中，选择器的作用是获取元素，而后为其添加 CSS 样式，美化其外观。jQuery 选择器不仅继承了 CSS 选择器的语法，而且获取页面元素便捷高效。jQuery 选择器与 CSS 选择器的不同之处就在于，jQuery 选择器获取元素后，为该元素添加的是行为，使页面交互变得更加丰富。

（1）常用选择器

- 元素标签名：如$("a")会选出所有链接元素。
- #id：通过元素 id 进行选择，如$("#form1")会选择 id 为 form1 的元素。
- .class：通过元素的 CSS 类来选择，如$(".boldStyle")会选择 CSS 为 boldStyle 类的元素。

微课 2-5
CSS 选择器

- 标签名#id.class：通过某类元素的 id 属性和 class 属性来选择，如$(a#blog .boldStyle)会选择 id 为 blog 并且 CSS 类型为 boldStyle 类型的链接元素(<a id='blog' class='boldStyle'>)。
- 父标签名 子标签名.class：通过其可实现选择父标签下的某种 CSS 类型的子元素，如$(p a.redStyle)会选择 p 段落元素中的链接子元素 a，且其 CSS 类名为 redStyle。

（2）属性选择器

jQuery 使用 XPath 表达式来选择带有给定属性的元素。

- $("[href]") 选取所有带有 href 属性的元素。
- $("[href='#']") 选取所有带有 href 值等于 "#" 的元素。
- $("[href!='#']") 选取所有带有 href 值不等于 "#" 的元素。
- $("[href$='.jpg']") 选取所有 href 值以 ".jpg" 结尾的元素。

微课 2-6
DOM 遍历方法

微课 2-7
jQuery 选择器与
遍历方法

4. jQuery 遍历

jQuery 遍历，用于根据其相对于其他元素的关系来"查找"（或选取）HTML 元素。以某项选择开始，并沿着这个选择移动，直到抵达所期望的元素为止。

图 2-1 展示了一个家族树。通过 jQuery 遍历，能够从被选（当前的）元素开始，轻松地在家族树中向上移动（祖先），向下移动（子孙），水平移动（同辈）。这种移动被称为对 DOM 进行遍历。

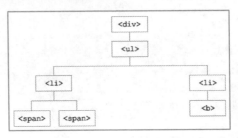

图 2-1 DOM 家族树

jQuery 提供了多种遍历 DOM 的方法。遍历方法中最大的种类是树遍历（tree-traversal）。

（1）向上遍历 DOM 树

这些 jQuery 方法很有用，它们用于向上遍历 DOM 树。

- parent()：返回被选元素的直接父元素。
- parents()：返回被选元素的所有祖先元素，它一路向上直到文档的根元素（<html>）。
- parentsUntil()：返回介于两个给定元素之间的所有祖先元素。

（2）向下遍历 DOM 树

下面是两个用于向下遍历 DOM 树的 jQuery 方法：

- children()：返回被选元素的所有直接子元素。
- find()：返回被选元素的后代元素，一路向下直到最后一个后代。

（3）在 DOM 树中水平遍历

- siblings()：返回被选元素的所有同辈元素。
- next()：返回被选元素的下一个同辈元素。
- nextAll()：返回被选元素的所有跟随的同辈元素。
- nextUntil()：返回介于两个给定参数之间的所有跟随的同辈元素。
- prev()：返回被选元素的前一个同辈元素。
- prevAll()：返回被选元素的所有前面的同辈元素。
- prevUntil()：返回介于两个给定参数之间的所有前面的同辈元素。

5. jQuery 中的 DOM 操作

（1）jQuery 中插入元素的方法

- append()：向每个匹配的元素内部追加内容。
- appendTo()：将所有匹配的元素追加到指定的元素中，即 $(A).appendTo(B)，是将 A 追加到 B 中。
- prepend()：向每个匹配的元素内部前置内容。
- prependTo()：将所有匹配的元素前置到指定的元素中，即 $(A).

prependTo(B)，是将 A 前置到 B 中。

前面几个方法都是插入子元素，后面的这几个方法是插入同辈元素。

- after()：在每个匹配的元素之后插入内容。
- insertAfter()：将所有匹配的元素插入到指定元素的后面。
- before()：在每个匹配的元素之前插入内容。
- insertBefore()：将所有匹配的元素插入到指定元素的前面。

（2）jQuery 中删除节点的方法

- remove()：移除所有匹配的元素。
- empty()：删除匹配的元素集合中所有内容，包括子节点。注意，元素本身没有被删除。

（3）jQuery 中复制节点的方法

clone()：创建匹配元素集合的副本。

（4）jQuery 中替换节点的方法

- replaceAll()：用指定的 HTML 内容或元素替换被选元素。
- replaceWith()：用新内容替换所匹配到的元素。

其中的内容可以是 HTML 代码，可以是新元素，也可以是已经存在的元素。

（5）jQuery 中包裹节点的方法有：

- wrap()：把匹配的元素用指定的内容或元素包裹起来。
- wrapAll()：把所有匹配的元素用指定的内容或元素包裹起来，这里会将所有匹配的元素移动到一起，合成一组，只包裹一个 parent。
- wrapInner()：将每一个匹配元素的内容用指定的内容或元素包裹起来。

包裹节点，意思是把匹配的元素用指定的内容或者元素包裹起来，即增加一个父元素。

任务实施

在下面的实施中，页面上会添加一个"测试"按钮，单击按钮会通过 jQuery 选择器选中 li 元素后修改其属性，然后动态添加一个 li 元素，最后遍历页面中的 DOM 节点。

```
1.   <!DOCTYPE html>
2.   <html>
3.   <head>
4.   <meta charset="utf-8">
5.   <title>jquery 示例</title>
6.   <script src=" http://libs.baidu.com/jquery/1.11.1/jquery.min.js "></script>
7.   </head>
8.   <body>
9.       <p title="最喜欢的运动">你最喜欢的运动是什么呢</p>
10.      <ul>
11.          <li title="篮球">篮球</li>
12.          <li title="足球">足球</li>
13.          <li title="羽毛球">羽毛球</li>
```

```
14.          </ul>
15.          <button>测试</button>
16.          <script>
17.          $(document).ready(function(){
18.                  $("button").click(function(){
19.                          var $li=$("ul li:eq(0)");              //查找 ul 中第一个<li>
20.                          console.log($li.text());               //打印出第一个节点中的文本内容
21.                          var $p=$("p");                         //获取节点<p>
22.                          var p_text=$p.attr("title");           //获取节点<p>的属性 title 的值
23.                          console.log(p_text);                   //打印 title 的值
24.                          $("p").removeAttr("title");            //删除<p>的 title 属性
25.                          $("p").attr("class","end");   //将<p>标签的样式 class 从 start 改为 end
26.                          var $li_new=$("<li>乒乓球</li>");    //创建一个<li>元素
27.                          $("ul").append($li_new);               //将其添加到<ul>下
28.                          $("ul li:eq(0)").remove();//获取 ul 下的第一个<li>节点后，删除该节点
29.                          $("p").wrap("<b></b>");                //用<b>标签将<p>包裹起来
30.                          //遍历节点
31.                          var $body=$("body").children();
32.                          var $p=$("p").children();
33.                          var $ul=$("ul").children();
34.                          console.log($body.length);        //结果为 2
35.                          console.log($p.length);           //结果为 0
36.                          console.log($ul.length);          //结果为 3
37.                  });
38.          });
39.          </script>
40.  </body>
41.  </html>
```

任务 2.3　jQuery 中事件的处理

微课 2-8
jQuery 事件

任务描述

　　HTML 页面对不同访问者的响应叫作事件。事件处理程序指的是当 HTML 中发生某些事件时所调用的方法，例如：在元素上移动鼠标、选取单选按钮、单击元素。在事件中经常使用术语"触发"（或"激发"），例如："当你按下按键时触发 keypress 事件"。

　　本任务主要介绍 jQuery 中对于事件的处理方法和处理过程。

任务目标

① 了解常用事件。
② 掌握 jQuery 中常用的事件处理方法。

知识储备

1. 在页面加载后执行任务

$(document).ready()方法允许在文档完全加载完后执行函数。

如果在文档没有完全加载之前就运行 jQuery 函数，操作可能失败。一般都需要将 jQuery 函数放到这个方法中运行：

```
$(document).ready(function(){
    //执行 jQuery 函数
});
```

2. 处理简单的事件

在 jQuery 中，大多数 DOM 中定义的事件都有一个相应的 jQuery 方法。在处理事件的 jQuery 方法被调用时不传任何参数，代表触发相应事件；如果添加一个自定义的函数作为参数，代表当前事件发生时需要做的处理。

例如页面中指定一个单击事件：

```
$("p").click();
```

下面定义的是当单击事件触发后，需要执行的内容，通过一个自定义函数实现：

微课 2-9
事件介绍和处理简单的
事件

```
$("p").click(function(){
    // 动作触发后执行的代码
});
```

3. 一些常用的事件函数

以下是 jQuery 中一些常用的事件函数。

（1）click()方法是当按钮单击事件被触发时会调用一个函数。该函数在用户单击 HTML 元素时执行。

在下面的实例中，当单击<p>元素时，触发 click()事件中的函数参数，函数的具体操作是隐藏当前的<p>元素：

示例

```
$("p").click(function(){
    $(this).hide();
});
```

（2）hover()方法用于模拟鼠标悬停事件。当鼠标移动到元素上时，会触发指定的第一个函数（mouseenter( )）；当鼠标指针移出这个元素时，会触发指定的第二个函数（mouseleave( )）。

（3）当元素获得焦点时，触发 focus 事件。当通过鼠标单击选中元素或通过 Tab 键定位到该元素时，该元素就会获得焦点。focus()方法触发 focus 事件，或规定当发生 focus 事件时运行的函数。

（4）当元素失去焦点时，触发 blur 事件。blur()方法触发 blur 事件，或规定当发生 blur 事件时运行的函数。

任务实施

在下面的实例中，当单击事件在某个<p>元素上触发时，隐藏当前的<p>元素。

```
1.    <!DOCTYPE html>
2.    <html>
3.    <head>
4.    <meta charset="utf-8">
5.    <title>jQuery 中的事件处理</title>
6.    <script src=" http://libs.baidu.com/jquery/1.11.1/jquery.min.js "></script>
7.    <script>
8.    $(document).ready(function(){
9.      $("p").click(function(){
10.       $(this).hide();
11.     });
12.   });
13.   </script>
14.   </head>
15.   <body>
16.
17.   <p>点我就会消失。</p>
18.   <p>点我也消失!</p>
19.
20.   </body>
21.   </html>
```

任务 2.4　jQuery 中 Ajax 异步通信接口操作

任务描述

Ajax 即"Asynchronous JavaScript And XML"（异步 JavaScript 和 XML），是指一种创建交互式网页应用的网页开发技术。传统的网页（不使用 Ajax）如果需要更新内容，必须重载整个网页页面。通过在后台与服务器进行少量数据交换，Ajax 可以使网页实现异步更新。这意味着可以在不重新加载整个网页的情况下，对网页的某部分进行更新。

本任务介绍如何在 jQuery 中调用 Ajax 实现网页的异步更新。

任务目标

① 了解 Ajax 的概念和作用。
② 掌握 jQuery 中 Ajax 的 3 个常用方法的使用方法。

知识储备

1. ajax() 方法

ajax() 方法用于执行 Ajax（异步 HTTP）请求。

语法如下：

```
$.ajax({name:value, name:value, ... })
```

ajax() 方法中的参数规定了发送请求中需要附加的数据，这些数据使用键-值对的形式表示。

表 2-1 中列出了可能使用的键-值对。

表 2-1　ajax() 方法中需要使用的键-值对

名称	键-值对描述
async	布尔值，表示请求是否异步处理。默认是 true
complete(*xhr,status*)	请求完成时运行的函数（在请求成功或失败之后均调用，即在 success 和 error 函数之后）
contentType	发送数据到服务器时所使用的内容类型。默认是："application/x-www-form-urlencoded"
data	规定要发送到服务器的数据
error(*xhr,status,error*)	如果请求失败要运行的函数
success(*result,status,xhr*)	当请求成功时运行的函数
timeout	设置本地的请求超时时间（以毫秒计）
type	规定请求的类型（GET 或 POST）
url	规定发送请求的 URL。默认是当前页面

示例：

```
1.    $.ajax({
2.        type : "POST",                    //提交方式
3.        url : "/org/delete",              //路径
4.        data : {
5.          "org.id" : "${org.id}"
6.        },                                //数据,这里使用的是 JSON 格式进行传输
7.      success : function(result) {
8.        //返回数据根据结果进行相应的处理
9.        if ( result.success ) {
10.        //对成功的处理
11.        }else{
```

微课 2-12
Ajax 的 get 和 post 方法

```
12.          //对失败的处理
13.      }
14.  });
```

2. get()和 post()方法

jQuery 的 get()和 post()方法用于通过 HTTP GET 或 HTTP POST 请求从服务器请求数据。这两个方法要比 ajax()方法使用起来更简单方便。

（1）get()方法

语法：

```
$.get(URL,callback);
```

URL 参数是必需的，规定希望请求的 URL。callback 参数是可选的，是请求成功后所执行的函数名。

下面的例子使用$.get()方法从服务器上的一个文件中取回数据。

示例：

```
$("button").click(function(){
    $.get("demo_test.php",function(data,status){
    alert("数据: " + data + "\n 状态: " + status);
});
});
```

（2）post()方法

语法：

```
$.post(URL,data,callback);
```

URL 参数是必需的，规定希望请求的 URL。data 参数是可选的，规定连同请求发送的数据。callback 参数是可选的，是请求成功后所执行的函数名。

下面的例子使用 $.post() 连同请求一起发送数据。

示例：

```
1.   $("button").click(function(){
2.   $.post("/ajax/test_post.php",
3.   {
4.       name:"admin",
5.       url:"http://www.baidu.com"
6.   },
7.   function(data,status){
8.        alert("数据: \n" + data + "\n 状态: " + status);
9.   });
10.  });
```

任务实施

在本案例中通过在页面上添加一个按钮"发送一个 ajax GET 请求"，点击按钮后会调用 Ajax 中的 get 方法请求服务器的地址：/ajax/demo_data.php 异步获取数据，获取数据后会弹出一个对话框，显示获取到的数据和 ajax 调用的状态。

```
1.   <!DOCTYPE html>
2.   <html>
3.   <head>
4.   <meta charset="utf-8">
5.   <title>jQuery 中使用 Ajax</title>
6.   <script src=" http://libs.baidu.com/jquery/1.11.1/jquery.min.js "></script>
7.   <script>
8.   $(document).ready(function(){
9.       $("button").click(function(){
10.          $.get("/ajax/demo_data.php",function(data,status){
11.              alert("数据: " + data + "\n 状态: " + status);
12.          });
13.      });
14.  });
15.  </script>
16.  </head>
17.  <body>
18.
19.  <button>发送一个 Ajax GET 请求</button>
20.
21.  </body>
22.  </html>
```

项目小结

1．jQuery 简介与环境配置。
2．jQuery 中基本的 DOM 操作。
3．jQuery 中事件的处理。
4．jQuery 中 Ajax 异步通信接口操作。

课后练习

一、选择题

1．jQuery 对象的$("参数")语法描述错误的是（　　　）。

　　A．通过$()符号声明 jQuery 对象

    B.　$()执行后返回值是 jQuery 对象

    C.　调用方法可以通过 "." 来实现

    D.　$符号不可以用 jQuery 替代

2. 在属性过滤选择器中，获取等于给定的属性是某个特定值的元素用（　　　）实现。

    A.　[attribute]

    B.　[attribute=value]

    C.　[attribute&=value]

    D.　[attribute*=value]

3. 在 jQuery 获取和设置元素属性值中，用（　　　）来给元素设置一个属性值。

    A.　attr(name)

    B.　attr("name","value")

    C.　css(name)

    D.　css(name,value)

4. 在获取 ID 值为 btn 的元素的 value 值，下面代码正确的是（　　　）。

    A.　$("#btn").val()

    B.　$("#btn").val(value)

    C.　$("#btn").value()

    D.　$("#btn").value(val)

5. 下面选项中，用（　　　）来追加到指定元素的末尾。

    A.　append()

    B.　appendTo()

    C.　after()

    D.　inserAfter

二、简答题

1. 简述 jQuery 的功能有哪些。

2. 什么是 Ajax？在 jQuery 中常用的 Ajax 方法有哪些？

项目 **3**

ECharts 绘图

数据可视化其最终目标是满足用户对数据的价值期望,借助可视化工具,还原和探索数据背后的隐藏价值,形象、直观地展现出数据所代表的趋势和状态。市场招聘需求分析监控系统中需要对招聘职位数据进行多方面展现,比如招聘职位排行、地域分布等,需要用到柱形图、饼图、地图等形式的图表。在本项目中,我们利用开源的 ECharts 框架为设计好的页面添加图表。

学习目标

【知识目标】

(1)掌握 ECharts 的环境配置方法。

(2)掌握 ECharts 中基本图表的制作方法。

(3)掌握 ECharts 中地图的使用方法。

【能力目标】

(1)能够独立使用 ECharts 配置网页。

(2)能够独立使用 ECharts 制作折线图、柱状图、饼图。

(3)能够独立使用 ECharts 制作热力图、地图。

任务 3.1　使用 ECharts 简单绘图

任务描述

ECharts 是百度公司开发的一个使用 JavaScript 实现的开源可视化库，可以流畅地运行在 PC 端和移动端，兼容当前绝大部分浏览器（IE8/9/10/11、Chrome、Firefox、Safari 等），底层依赖轻量级的矢量图形库 ZRender，提供直观、交互丰富、可高度个性化定制的数据可视化图表。本任务主要介绍 ECharts 的功能与开发环境搭建。

任务目标

① 了解 ECharts 都有哪些功能，在项目中能发挥什么作用。
② 掌握 ECharts 在项目中使用时的环境配置。

知识储备

微课 3-1
ECharts 的简介

1. ECharts 简介

ECharts 提供了常规的折线图、柱状图、散点图、饼图、K 线图，用于统计的盒形图，用于地理数据可视化的地图、热力图、线图，用于关系数据可视化的关系图、treemap、旭日图，多维数据可视化的平行坐标，还有用于 BI 的漏斗图、仪表盘，并且支持图与图之间的混搭。

微课 3-2
使用 ECharts

2. 使用 ECharts

可以通过以下几种方式获取 ECharts。

（1）从官网下载界面选择需要的版本下载，官网根据开发者功能和体积上的需求，提供了不同打包文件。如果在体积上没有要求，可以直接下载完整版本。开发环境建议下载源代码版本，包含了常见的错误提示和警告。

（2）在 ECharts 的 GitHub 上下载最新的发布版本，在解压出来的文件夹里的 dist 目录里可以找到最新版本的 ECharts 库。

（3）通过 npm 获取 ECharts，如 npm install echarts –save。

（4）cdn 引入。可以在 cdnjs、npmcdn 或者国内的 bootcdn 上找到 ECharts 的最新版本。

以下为下载源文件后引入插件示例：

```
1.   <!DOCTYPE html>
2.   <html>
3.   <head>
4.       <meta charset="utf-8">
5.       <!-- 引入 ECharts 文件 -->
6.       <script src="echarts.min.js"></script>
7.   </head>
8.   </html>
```

3. 绘制一个简单的图表

在使用 ECharts 进行绘图前需要为 ECharts 准备一个具备宽、高属性的 DOM 容器。

微课 3-3
绘制图表练习

```
1.    <body>
2.        <!-- 为 ECharts 准备一个具备大小（宽高）的 DOM -->
3.        <div id="main" style="width: 600px;height:400px;"></div>
4.    </body>
```

然后就可以通过 echarts.init 方法初始化一个 ECharts 实例并通过 setOption 方法生成一个简单的柱状图。

任务实施

本实例使用 ECharts 来生成一个简单的柱状图，下面是完整代码。

```
1.    <!DOCTYPE html>
2.    <html>
3.    <head>
4.        <meta charset="utf-8">
5.        <title>ECharts</title>
6.        <!-- 引入 echarts.js -->
7.        <script src="echarts.min.js"></script>
8.    </head>
9.    <body>
10.       <!-- 为 ECharts 准备一个具备大小（宽高）的 DOM -->
11.       <div id="main" style="width: 600px;height:400px;"></div>
12.       <script type="text/javascript">
13.           // 基于准备好的 DOM，初始化 ECharts 实例
14.           var myChart = echarts.init(document.getElementById('main'));
15.
16.           // 指定图表的配置项和数据
17.           var option = {
18.               title: {
19.                   text: 'ECharts 入门示例'
20.               },
21.               tooltip: {},
22.               legend: {
23.                   data:['销量']
24.               },
25.               xAxis: {
26.                   data: ["衬衫","羊毛衫","雪纺衫","裤子","高跟鞋","袜子"]
27.               },
28.               yAxis: {},
29.               series: [{
30.                   name: '销量',
31.                   type: 'bar',
```

```
32.                    data: [5, 20, 36, 10, 10, 20]
33.              }]
34.          };
35.
36.          // 使用刚指定的配置项和数据显示图表
37.          myChart.setOption(option);
38.      </script>
39. </body>
40. </html>
```

这样第一个图表就诞生了，如图 3-1 所示。

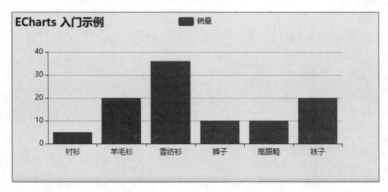

图 3-1　柱状图示例

任务 3.2　ECharts 基本配置

任务描述

从上面的例子可以看出 ECharts 支持许多基本配置项，包括标题、图例、x 和 y 坐标轴的设置等。对于这些配置，定义一个字典就可以了：

```
1.  // 指定图表的配置项和数据
2.      var option = {
3.          title: {
4.              text: 'ECharts  入门示例'
5.          },
6.          tooltip: {},
7.          legend: {
8.              data:['销量']
9.          },
10.         xAxis: {
11.             data: ["衬衫","羊毛衫","雪纺衫","裤子","高跟鞋","袜子"]
12.         },
```

```
13.            yAxis: {},
14.            series: [{
15.                name: '销量',
16.                type: 'bar',
17.                data: [5, 20, 36, 10, 10, 20]
18.            }]
19.        };
```

在创建和显示图表时，传入刚才定义好的配置字典就可以了：

```
// 使用刚指定的配置项和数据显示图表
myChart.setOption(option);
```

参考官方文档可以更加详细地理解配置项的具体内容。

本任务会讲解 ECharts 中常用的几个配置项的具体操作。

任务目标

① 掌握 ECharts 中标题的配置。

② 掌握 ECharts 中坐标轴的配置。

③ 掌握 ECharts 中系列项的配置。

知识储备

1. 标题配置

标题组件包含主标题和副标题，在 ECharts 2.x 中单个 ECharts 实例最多只能拥有一个标题组件。但是在 ECharts 3 中可以存在任意多个标题组件，这在需要对标题进行排版，或者单个实例中的多个图表都需要标题时会比较有用。

微课 3-4
标题配置

下面是配置标题时一些常用的属性。

- title.show：boolean 类型[default: true]，是否显示标题组件。

- title.text：string 类型[default: '']，主标题文本，支持使用 \n 换行。

- title.link：string 类型[default: '']，主标题文本超链接。

- title.target：string 类型[default: 'blank']，指定窗口打开主标题超链接。属性值可选：'self'是在当前窗口打开，'blank'是在新窗口打开。

- title.textStyle：object 类型，该配置项主要用来设置标题字体的样式，以键-值对的格式进行配置。在绘制 ECharts 图表时经常需要修改的标题样式包括 color、fontSize、width、height 等。其中富文本标题也有相同的设置，其设置具体在 subtextStyle 中。

- title.subtext：string 类型[default: '']，副标题文本，支持使用 \n 换行。

- title.sublink：string 类型[default: '']，副标题文本超链接，通过配置富文本超链接的信息，可实现点击富文本标题时进行页面跳转。

- title.subtarget：string 类型[default: 'blank']指定窗口打开副标题超链接，

属性值可选：'self'是在当前窗口打开，'blank'是在新窗口打开。

- title.textAlign：string 类型[default: 'auto']，整体（包括 text 和 subtext）的水平对齐。可选值：'auto' 'left' 'right' 'center'。
- title.left、title.top、title.right、title.bottom：string，number 类型[default: 'auto']，grid 组件离容器左侧、上侧、右侧、下侧的距离。其值可以是像 20 这样的具体像素值，可以是像 '20%' 这样相对于容器高宽的百分比。其中 left 的值可以是'left' 'center' 'right'，top 的值可以是'top' 'middle' 'bottom'。而 right 和 bottom 默认是自适应的。

2. 坐标轴配置

微课 3-5
坐标轴配置

直角坐标系 grid 中的 x 轴，一般情况下单个 grid 组件最多只能放上下两个 x 轴，多于两个 x 轴需要通过配置 offset 属性防止同一个位置多个 x 轴的重叠。

直角坐标系 grid 中的 y 轴，一般情况下单个 grid 组件最多只能放左右两个 y 轴，多于两个 y 轴需要通过配置 offset 属性防止同一个位置多个 y 轴的重叠。

x 轴和 y 轴的属性基本相同，下面以 y 轴为例来说明坐标轴的常用属性。

- yAxis.position：string 类型，y 轴的位置。属性值可选：'left'、'right'。
- yAxis.type：string 类型[default: 'value']，坐标轴类型。属性值可选：'value'、'category'、'time'、'log'。

'value' 数值轴，适用于连续数据。

'category' 类目轴，适用于离散的类目数据，为该类型时必须通过 data 设置类目数据。

'time' 时间轴，适用于连续的时序数据，与数值轴相比时间轴带有时间的格式化，在刻度计算上也有所不同，如会根据跨度的范围来决定使用月、星期、日还是小时范围的刻度。

'log' 对数轴：适用于对数数据。

- yAxis.name：string 类型，表示坐标轴名称，通常用于标注坐标轴，默认显示在 x、y 轴的顶端，也可以通过后面的 nameLocation 设置显示的具体位置。
- yAxis.nameLocation：string 类型[default: 'end']，坐标轴名称显示位置。

属性可选：'start'、'middle'、'center'、'end'。

- yAxis.nameTextStyle：object 类型，坐标轴名称的文字样式，在开发过程中经常会使用到的配置项有：color、fontWeight、fontSize、align、width、height 等。
- yAxis.nameGap：number 类型[default: 15]，坐标轴名称与轴线之间的距离。
- yAxis.nameRotate：number 类型[default: null]，坐标轴名称旋转，角度值。
- yAxis.min：number，string，function 类型[default: null]，坐标轴刻度最小值。可以设置成特殊值 'dataMin'，此时取数据在该轴上的最小值作为最小刻度。不设置时会自动计算最小值保证坐标轴刻度的均匀分布。

在类目轴中，也可以设置为类目的序数（如类目轴 data: ['类 A', '类 B', '类 C'] 中，序数 2 表示'类 C'。也可以设置为负数，如-3）。

当设置成 function 形式时，可以根据计算得出的数据最大和最小值设定坐标轴的最小值。如：

```
min: function(value) {
    return value.min - 20;
}
```

其中 value 是一个包含 min 和 max 的对象，分别表示数据的最大和最小值，这个函数应该返回坐标轴的最小值。

- yAxis.max：number, string 类型[default: null]，坐标轴刻度最大值。可以设置成特殊值 'dataMax'，此时取数据在该轴上的最大值作为最大刻度。不设置时会自动计算最大值，保证坐标轴刻度的均匀分布。

在类目轴中，也可以设置为类目的序数（如类目轴 data: ['类 A', '类 B', '类 C']中，序数 2 表示'类 C'。也可以设置为负数，如-3）。

当设置成 function 形式时，可以根据计算得出的数据最大和最小值设定坐标轴的最大值。如：

```
max: function(value) {
    return value.max - 20;
}
```

其中 value 是一个包含 min 和 max 的对象，分别表示数据的最大和最小值，这个函数应该返回坐标轴的最大值。

- yAxis.splitNumber：number 类型[default: 5]，坐标轴的分割段数。需要注意的是这个分割段数只是个预估值，最后实际显示的段数会在这个基础上根据分割后坐标轴刻度显示的易读程度作调整。

该属性在类目轴中无效。

- yAxis.interval: number 类型，强制设置坐标轴分割间隔。因为 splitNumber 是预估的值，实际根据策略计算出来的刻度可能无法达到想要的效果，这时候可以使用 interval 配合 min、max 强制设定刻度划分，但一般不建议使用。

该属性无法在类目轴中使用。在时间轴（type: 'time'）中需要传时间戳，在对数轴（type: 'log'）中需要传指数值。

- yAxis.axisLine：object 类型，坐标轴轴线相关设置，在开发过程中经常会使用到的具体配置项有 show、lineStyle 等。
- yAxis.axisTick：object 类型，坐标轴刻度相关设置，在开发过程中经常会使用到的具体配置项有 show、interval、length、lineStyle 等。
- yAxis.axisLabel：object 类型，坐标轴刻度标签的相关设置，在开发过程中经常会使用到的具体配置项有 show、interval、inside、rotate、formatter、color、fontSize 等。

- yAxis.splitLine：object 类型，坐标轴在 grid 区域中的分隔线，在开发过程中经常会使用到的具体配置项有 show、interval、lineStyle 等。
- yAxis.data[i]：object 类型，类目数据，在类目轴（type: 'category'）中有效。

如果没有设置 type，但是设置了 axis.data，则认为 type 是'category'。

如果设置了 type 是'category'，但没有设置 axis.data，则 axis.data 的内容会自动从 series.data 中获取，这会比较方便。不过需要注意，axis.data 指明的是'category' 轴的取值范围。如果不指定而是从 series.data 中获取，那么只能获取到 series.data 中出现的值。比如说，当 series.data 为空时，就什么也获取不到。

示例：

```
1.    // 所有类目名称列表
2.    data: ['周一', '周二', '周三', '周四', '周五', '周六', '周日']
3.    // 每一项也可以是具体的配置项，此时取配置项中的 'value' 为类目名
4.    data: [{
5.        value: '周一',
6.        // 突出周一
7.        textStyle: {
8.            fontSize: 20,
9.            color: 'red'
10.       }
11.   }, '周二', '周三', '周四', '周五', '周六', '周日']
```

- yAxis.axisPointer：Object 类型，该配置项的具体含义是，当设置其配置项 show 为 true，将鼠标指针悬停在图表的内容上时，坐标轴会显示相应的值，类似于标注线的形状。其中还会有其他详细配置项，如 type、label、lineStyle、value 等。

3. 系列项配置

微课 3-6
系列项配置

每个系列通过 type 决定其图表类型。其中 type 的类型主要用到的有折线图（line）、柱状图/条形图（bar）、饼图（pie）、散点（气泡）图（scatter）、带有涟漪特效动画的散点（气泡）图（effectScatter）、雷达图（radar）、树图（tree）、旭日图（sunburst）、热力图（heatmap）、地图（map）、线图（lines）、仪表盘（gauge）等。

以下对 line 类型图表进行讲解，其他类型图表根据各自类型有各自相对应的配置选项。

type: 'line'，折线图是用折线将各个数据点标志连接起来的图表，用于展现数据的变化趋势，可用于直角坐标系和极坐标系上。设置 areaStyle 后可以绘制面积图，配合分段型 visualMap 组件可以将折线/面积图通过不同颜色划分区间。

- series.name: string 类型，系列名称，用于 tooltip 的显示，legend 的图例筛选，在 setOption 更新数据和配置项时用于指定对应的系列。
- series.symbol: string, function 类型[default: 'emptyCircle']，标记的图形。

ECharts 提供的标记类型包括：'circle'、'rect'、'roundRect'、'triangle'、'diamond'、'pin'、'arrow'、'none'。可以通过 'image://url'设置为图片，其中 URL 为图片的超链接，或者 dataURI。可以通过 'path://' 将图标设置为任意的向量路径。这种方式相比于使用图片的方式，不用担心因为缩放而产生锯齿或模糊，而且可以设置为任意颜色。路径图形会自适应调整为合适的大小。路径的格式参见 SVG PathData。可以从 Adobe Illustrator 等工具编辑导出。

- series.symbolSize: number, array, function 类型[default: 4]，标记的大小，可以设置成诸如 10 这样单一的数字，也可以用数组分开表示宽和高，例如 [20, 10]表示标记宽为 20 px，高为 10 px。如果需要每个数据的图形大小不一样，可以设置为如下格式的回调函数：

```
(value: Array|number, params: Object) => number|Array
```

其中第一个参数 value 为 data 中的数据值，第二个参数 params 是其他的数据项参数。

- series.itemStyle: object 类型，折线拐点标志的样式。开发过程中经常会使用到的详细配置项有 color、borderColor、borderWidth 等。
- series:lineStyle: object 类型，线条样式。需要注意的是，修改 lineStyle 中的颜色不会影响图例颜色。如果需要图例颜色和折线图颜色一致，需修改 itemStyle.color，线条颜色默认也会取所改颜色。开发过程中经常会使用到的详细配置项有 color、width 等。
- series.areaStyle: object 类型，区域填充样式。开发过程中经常会使用到的详细配置项有 color、opacity 等。
- series.emphasis: object 类型，图形的高亮样式，其子类对象有 label、itemStyle，分别为标签配置和样式配置。
- series.data: object 类型，系列中的数据内容数组。数组项通常为具体的数据项。注意，如果系列没有指定 data，并且 option 有 dataset，那么默认使用第一个 dataset。如果指定了 data，则不会再使用 dataset。当某数据不存在时（注意，不存在不代表值为 0），可以用'-'、null、undefined 或者 NaN 表示。
- series.markPoint: object 类型，图表标注。开发过程中经常会使用到的详细配置项有 symbol、symbolSize、symbolRotate、label、itemStyle、emphasis、data 等。
- series.markLine: *，图表标线。开发过程中经常会使用到的详细配置项有 symbol、symbolSize、label、lineStyle、emphasis、data 等。
- series.tooltip: *，本系列特定的 tooltip 设定。开发过程中经常会使用到的详细配置项有 position、formatter、backgroundColor、borderColor、borderWidth、textStyle 等。

任务实施

微课 3-7
综合示例

通过对以上简单配置的整体总结，实现如图 3-2 所示效果的综合示例。

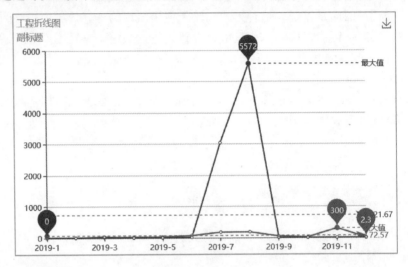

图 3-2 工程折线图

```
1.    <!DOCTYPE html>
2.    <html style="height: 100%">
3.       <head>
4.           <meta charset="utf-8">
5.       </head>
6.       <body style="height: 100%; margin: 0">
7.           <div id="progress" style="height:400px;width:600px"></div>
8.           <script type="text/javascript" src="http://echarts.baidu.com/gallery/vendors/
echarts/echarts.min.js"></script>
9.           <script type="text/javascript">
10.              function getChartsLine() {
11.                  var myChart = echarts.init(document.getElementById('progress'),
'macarons');
12.
13.                  var option = {
14.                      title: {
15.                          text: '工程折线图',          //主标题
16.                          textStyle:{
17.                              color:'#0DB9F2',          //颜色
18.                              fontStyle:'normal',       //风格
19.                              fontWeight:'normal',      //粗细
20.                              fontFamily:'Microsoft yahei',   //字体
21.                              fontSize:14,              //大小
22.                              align:'center'            //水平对齐
23.                          },
24.                          subtext:'副标题',            //副标题
```

```
25.                          subtextStyle:{              //对应样式
26.                              color:'#F27CDE',
27.                              fontSize:14
28.                          },
29.                          itemGap:7
30.                      },
31.                  grid:{          //显示数据的图表位于当前 canvas 的坐标轴
32.                      x:50,
33.                      y:55,
34.                      x2:50,
35.                      y2:60,
36.                      borderWidth:1
37.                  },
38.                  tooltip: {
39.                      trigger: 'axis'
40.                  },
41.                  legend: {
42.                      data:["计划完成","实际完成"]
43.                  },
44.                  toolbox: {
45.                      show: true,
46.                      feature: {
47.                          saveAsImage: {}
48.                      }
49.                  },
50.                  xAxis:   {
51.                      type: 'category',
52.                      boundaryGap: false,
53.                      data:   ["2019-1",   "2019-2",   "2019-3",   "2019-4",
"2019-5", "2019-6", "2019-7", "2019-8", "2019-9", "2019-10", "2019-11", "2019-12"]
54.                  },
55.                  yAxis: {
56.                      type: 'value',
57.                      //默认以千分位显示，不想用的可以在这加一段
58.                      axisLabel : { //调整左侧 y 轴刻度，直接按对应数据显示
59.                          show:true,
60.                          showMinLabel:true,
61.                          showMaxLabel:true,
62.                          formatter: function (value) {
63.                              return value;
64.                          }
65.                      }
66.                  },
67.                  series: [
68.                      {
```

```
69.                              name:"计划",
70.                              type:'line',
71.                              data: [2.6, 5.9, 9.0, 26.4, 28.7, 70.7, 175.6, 182.2,
48.7, 18.8, 300, 2.3],
72.                              markPoint: {
73.                                  data: [
74.                                      {type: 'max', name: '最大值'},
75.                                      {type: 'min', name: '最小值'}
76.                                  ]
77.                              },
78.                              markLine: {
79.                                  data: [
80.                                      {type: 'average', name: '平均值'},
81.                                      [{
82.                                          symbol: 'none',
83.                                          x: '90%',
84.                                          yAxis: 'max'
85.                                      }, {
86.                                          symbol: 'circle',
87.                                          label: {
88.                                              normal: {
89.                                                  position: 'start',
90.                                                  formatter: '最大值'
91.                                              }
92.                                          },
93.                                          type: 'max',
94.                                          name: '最高点'
95.                                      }]
96.                                  ]
97.                              }
98.                          },
99.                          {
100.                             name:"实际",
101.                             type:'line',
102.                             data:[0, 0, 37, 0, 0, 15, 3036, 5572, 0, 0, 0, 0],
103.                             markPoint: {
104.                                 data: [
105.                                     {type: 'max', name: '最大值'},
106.                                     {type: 'min', name: '最小值'}
107.                                 ]
108.                             },
109.                             markLine: {
110.                                 data: [
111.                                     {type: 'average', name: '平均值'},
112.                                     [{
```

```
113.                                    symbol: 'none',
114.                                    x: '90%',
115.                                    yAxis: 'max'
116.                                }, {
117.                                    symbol: 'circle',
118.                                    label: {
119.                                        normal: {
120.                                            position: 'start',
121.                                            formatter: '最大值'
122.                                        }
123.                                    },
124.                                    type: 'max',
125.                                    name: '最高点'
126.                                }]
127.                            ]
128.                        }
129.                    }
130.                ]
131.            };
132.            myChart.setOption(option);
133.        }
134.        getChartsLine();
135.    </script>
136.    </body>
137. </html>
```

任务 3.3　绘制图表

任务描述

使用 ECharts 可以绘制多种图表，下面将依次讲解折线图、柱状图、饼图、散点图、雷达图、热力图和地图的绘制方法。更多示例参见 ECharts 官网。

在讲解每种图表时只给出必需的配置代码，完整的页面代码参见前面的示例。

任务目标

① 掌握 ECharts 中折线图的绘制。

② 掌握 ECharts 中柱状的绘制。

③ 掌握 ECharts 中饼图的绘制。

④ 掌握 ECharts 中散点图的绘制。

⑤ 掌握 ECharts 中雷达图的绘制。

⑥ 掌握 ECharts 中热力图的绘制。

⑦ 掌握 ECharts 中地图的绘制。

知识储备

微课 3-8
绘制折线图

1. 绘制折线图

折线图适合二维的大数据集，尤其是那些趋势比单个数据点更重要的场合。

（1）基本折线图（见图 3-3）

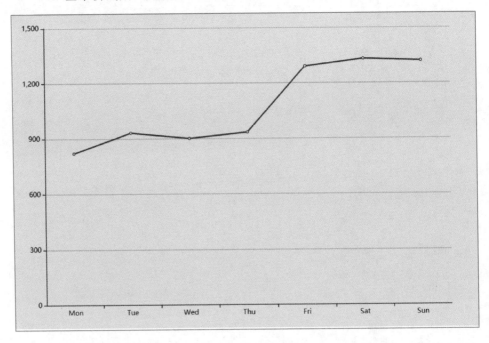

图 3-3　基本折线图

```
1.    option = {
2.        xAxis: {
3.            type: 'category',
4.            data: ['Mon', 'Tue', 'Wed', 'Thu', 'Fri', 'Sat', 'Sun']
5.        },
6.        yAxis: {
7.            type: 'value'
8.        },
9.        series: [{
10.           data: [820, 932, 901, 934, 1290, 1330, 1320],
11.           type: 'line'
12.       }]
13.   };
```

（2）平滑折线图（见图 3-4）

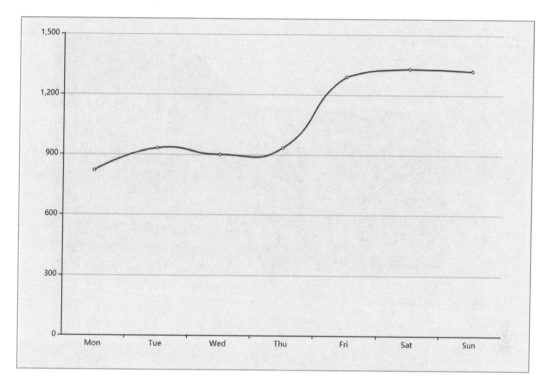

图 3-4　平滑折线图

```
1.   option = {
2.       xAxis: {
3.           type: 'category',
4.           data: ['Mon', 'Tue', 'Wed', 'Thu', 'Fri', 'Sat', 'Sun']
5.       },
6.       yAxis: {
7.           type: 'value'
8.       },
9.       series: [{
10.          data: [820, 932, 901, 934, 1290, 1330, 1320],
11.          type: 'line',
12.          smooth: true
13.      }]
14.  };
```

（3）区域折线图（见图 3-5）

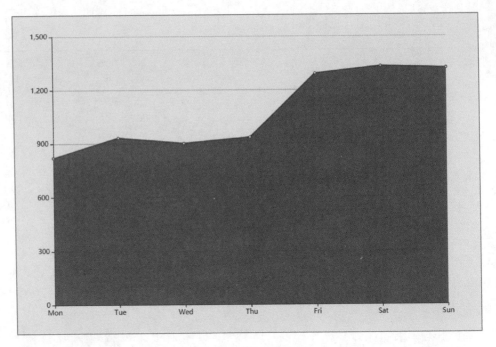

图 3-5　区域折线图

```
1.    option = {
2.        xAxis: {
3.            type: 'category',
4.            boundaryGap: false,
5.            data: ['Mon', 'Tue', 'Wed', 'Thu', 'Fri', 'Sat', 'Sun']
6.        },
7.        yAxis: {
8.            type: 'value'
9.        },
10.       series: [{
11.           data: [820, 932, 901, 934, 1290, 1330, 1320],
12.           type: 'line',
13.           areaStyle: {}
14.       }]
15.   };
```

2．绘制柱状图

柱状图（见图 3-6）利用柱子的高度，反映数据的差异。人眼对高度差异很敏感，辨识效果非常好。柱状图的局限在于只适用于中小规模的数据集。

通常来说，柱状图的 x 轴是时间维，用户习惯性认为是表示时间趋势。如果遇到 x 轴不是时间维的情况，建议用颜色区分每根柱子，改变用户对时间趋势的关注。

微课 3-9
绘制柱状图

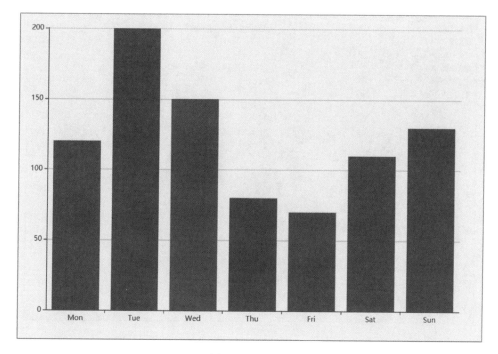

图 3-6 柱状图

```
1.   option = {
2.       xAxis: {
3.           type: 'category',
4.           data: ['Mon', 'Tue', 'Wed', 'Thu', 'Fri', 'Sat', 'Sun']
5.       },
6.       yAxis: {
7.           type: 'value'
8.       },
9.       series: [{
10.          data: [120, 200, 150, 80, 70, 110, 130],
11.          type: 'bar'
12.      }]
```

3. 绘制饼图

一般情况下，饼图（见图 3-7）是一种应该避免使用的图表，因为人眼对面积大小不敏感，应该尽量用柱状图替代饼图。但是有一个例外，就是反映某个部分占整体的比例，比如贫穷人口占总人口的百分比，此时用饼图效果较好。

微课 3-10
绘制饼图

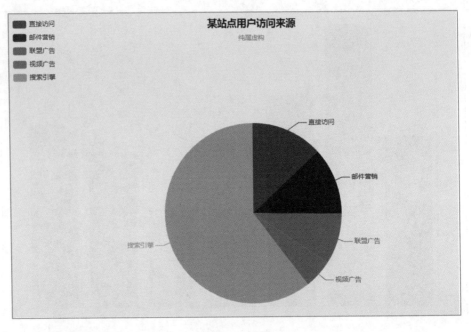

图 3-7 饼图

```
1.    option = {
2.        title : {
3.            text: '某站点用户访问来源',
4.            subtext: '纯属虚构',
5.            x:'center'
6.        },
7.        tooltip : {
8.            trigger: 'item',
9.            formatter: "{a} <br/>{b} : {c} ({d}%)"
10.       },
11.       legend: {
12.           orient: 'vertical',
13.           left: 'left',
14.           data: ['直接访问','邮件营销','联盟广告','视频广告','搜索引擎']
15.       },
16.       series : [
17.           {
18.               name: '访问来源',
19.               type: 'pie',
20.               radius : '55%',
21.               center: ['50%', '60%'],
22.               data:[
23.                   {value:335, name:'直接访问'},
24.                   {value:310, name:'邮件营销'},
25.                   {value:234, name:'联盟广告'},
26.                   {value:135, name:'视频广告'},
```

```
27.                        {value:1548, name:'搜索引擎'}
28.                    ],
29.                    itemStyle: {
30.                        emphasis: {
31.                            shadowBlur: 10,
32.                            shadowOffsetX: 0,
33.                            shadowColor: 'rgba(0, 0, 0, 0.5)'
34.                        }
35.                    }
36.                }
37.            ]
```

4．绘制散点图

散点图（见图 3-8）是指在回归分析中，数据点在直角坐标系平面上的分布图。散点图表示因变量随自变量而变化的大致趋势，据此可以选择合适的函数对数据点进行拟合。

微课 3-11
绘制散点图

用两组数据构成多个坐标点，考察坐标点的分布，判断两变量之间是否存在某种关联或总结坐标点的分布模式。散点图将序列显示为一组点，值由点在图表中的位置表示，类别由图表中的不同标记表示。散点图通常用于比较跨类别的聚合数据。

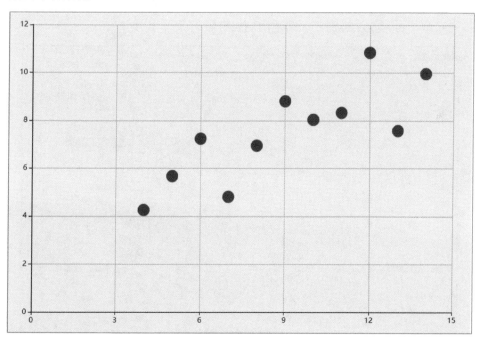

图 3-8　散点图

```
1.    option = {
2.        xAxis: {},
3.        yAxis: {},
4.        series: [{
```

```
5.              symbolSize: 20,
6.              data: [
7.                      [10.0, 8.04],
8.                      [8.0, 6.95],
9.                      [13.0, 7.58],
10.                     [9.0, 8.81],
11.                     [11.0, 8.33],
12.                     [14.0, 9.96],
13.                     [6.0, 7.24],
14.                     [4.0, 4.26],
15.                     [12.0, 10.84],
16.                     [7.0, 4.82],
17.                     [5.0, 5.68]
18.              ],
19.              type: 'scatter'
20.          }]
21.      };
```

5. 绘制雷达图

雷达图（见图 3-9）适用于多维数据（四维以上），且每个维度必须可以排序，如以国籍作为一个维度就不可以排序。但是，它有一个局限，即数据点最多为 6 个，否则无法辨别，因此适用场合有限。

微课 3-12
绘制雷达图

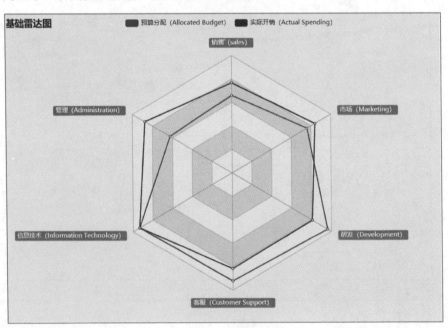

图 3-9　雷达图

```
1.      option = {
2.          title: {
3.              text: '基础雷达图'
```

```
4.          },
5.          tooltip: {},
6.          legend: {
7.              data: ['预算分配（Allocated Budget）', '实际开销（Actual Spending）']
8.          },
9.          radar: {
10.             // shape: 'circle',
11.             name: {
12.                 textStyle: {
13.                     color: '#fff',
14.                     backgroundColor: '#999',
15.                     borderRadius: 3,
16.                     padding: [3, 5]
17.                 }
18.             },
19.             indicator: [
20.                 { name: '销售（sales）', max: 6500},
21.                 { name: '管理（Administration）', max: 16000},
22.                 { name: '信息技术（Information Technology）', max: 30000},
23.                 { name: '客服（Customer Support）', max: 38000},
24.                 { name: '研发（Development）', max: 52000},
25.                 { name: '市场（Marketing）', max: 25000}
26.             ]
27.         },
28.         series: [{
29.             name: '预算 vs 开销（Budget vs spending）',
30.             type: 'radar',
31.             // areaStyle: {normal: {}},
32.             data : [
33.                 {
34.                     value : [4300, 10000, 28000, 35000, 50000, 19000],
35.                     name : '预算分配（Allocated Budget）'
36.                 },
37.                 {
38.                     value : [5000, 14000, 28000, 31000, 42000, 21000],
39.                     name : '实际开销（Actual Spending）'
40.                 }
41.             ]
42.         }]
43.     };
```

6. 绘制热力图

热力图（见图 3-10）是以特殊高亮的形式显示访客感兴趣的页面区域或访客所在的地理区域的图示，热力图可以显示不可点击区域发生的事情。

微课 3-13
绘制热力图

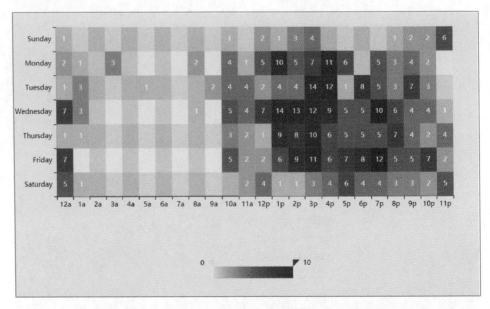

图 3-10　热力图

```
1.     app.title = '笛卡尔坐标系上的热力图';
2.
3.     var hours = ['12a', '1a', '2a', '3a', '4a', '5a', '6a',
4.              '7a', '8a', '9a','10a','11a',
5.              '12p', '1p', '2p', '3p', '4p', '5p',
6.              '6p', '7p', '8p', '9p', '10p', '11p'];
7.     var days = ['Saturday', 'Friday', 'Thursday',
8.              'Wednesday', 'Tuesday', 'Monday', 'Sunday'];
9.
10.    var data = [[0,0,5],[0,1,1],[0,2,0],[0,3,0],[0,4,0],[0,5,0],[0,6,0],[0,7,0],[0,8,0],[0,9,0],
[0,10,0],[0,11,2],[0,12,4],[0,13,1],[0,14,1],[0,15,3],[0,16,4],[0,17,6],[0,18,4],[0,19,4],[0,20,3],
[0,21,3],[0,22,2],[0,23,5],[1,0,7],[1,1,0],[1,2,0],[1,3,0],[1,4,0],[1,5,0],[1,6,0],[1,7,0],[1,8,0],[1,9,0],
[1,10,5],[1,11,2],[1,12,2],[1,13,6],[1,14,9],[1,15,11],[1,16,6],[1,17,7],[1,18,8],[1,19,12],[1,20,5],
[1,21,5],[1,22,7],[1,23,2],[2,0,1],[2,1,1],[2,2,0],[2,3,0],[2,4,0],[2,5,0],[2,6,0],[2,7,0],[2,8,0],[2,9,0],
[2,10,3],[2,11,2],[2,12,1],[2,13,9],[2,14,8],[2,15,10],[2,16,6],[2,17,5],[2,18,5],[2,19,5],[2,20,7],
[2,21,4],[2,22,2],[2,23,4],[3,0,7],[3,1,3],[3,2,0],[3,3,0],[3,4,0],[3,5,0],[3,6,0],[3,7,0],[3,8,1],[3,9,0],
[3,10,5],[3,11,4],[3,12,7],[3,13,14],[3,14,13],[3,15,12],[3,16,9],[3,17,5],[3,18,5],[3,19,10],[3,20,6],
[3,21,4],[3,22,4],[3,23,1],[4,0,1],[4,1,3],[4,2,0],[4,3,0],[4,4,0],[4,5,1],[4,6,0],[4,7,0],[4,8,0],[4,9,2],
[4,10,4],[4,11,4],[4,12,2],[4,13,4],[4,14,4],[4,15,14],[4,16,12],[4,17,1],[4,18,8],[4,19,5],[4,20,3],
[4,21,7],[4,22,3],[4,23,0],[5,0,2],[5,1,1],[5,2,0],[5,3,3],[5,4,0],[5,5,0],[5,6,0],[5,7,0],[5,8,2],[5,9,0],
[5,10,4],[5,11,1],[5,12,5],[5,13,10],[5,14,5],[5,15,7],[5,16,11],[5,17,6],[5,18,0],[5,19,5],[5,20,3],
[5,21,4],[5,22,2],[5,23,0],[6,0,1],[6,1,0],[6,2,0],[6,3,0],[6,4,0],[6,5,0],[6,6,0],[6,7,0],[6,8,0],[6,9,
0],[6,10,1],[6,11,0],[6,12,2],[6,13,1],[6,14,3],[6,15,4],[6,16,0],[6,17,0],[6,18,0],[6,19,0],[6,20,
1], [6,21,2],[6,22,2],[6,23,6]];
11.
12.    data = data.map(function (item) {
13.        return [item[1], item[0], item[2] || '-'];
14.    });
```

```
15.
16.    option = {
17.        tooltip: {
18.            position: 'top'
19.        },
20.        animation: false,
21.        grid: {
22.            height: '50%',
23.            y: '10%'
24.        },
25.        xAxis: {
26.            type: 'category',
27.            data: hours,
28.            splitArea: {
29.                show: true
30.            }
31.        },
32.        yAxis: {
33.            type: 'category',
34.            data: days,
35.            splitArea: {
36.                show: true
37.            }
38.        },
39.        visualMap: {
40.            min: 0,
41.            max: 10,
42.            calculable: true,
43.            orient: 'horizontal',
44.            left: 'center',
45.            bottom: '15%'
46.        },
47.        series: [{
48.            name: 'Punch Card',
49.            type: 'heatmap',
50.            data: data,
51.            label: {
52.                normal: {
53.                    show: true
54.                }
55.            },
56.            itemStyle: {
57.                emphasis: {
58.                    shadowBlur: 10,
59.                    shadowColor: 'rgba(0, 0, 0, 0.5)'
```

```
60.                }
61.            }
62.        }]
63.    };
```

7. 绘制地图

在绘制地图时还需要以下的 js 文件：

```
<script type="text/javascript" src="/static/js/echarts/china.js"></script>
<script type="text/javascript" src="/static/js/echarts/city_coordinates.js"></script>
<script type="text/javascript" src="/static/js/echarts/walden.js"></script>
```

china.js 包含了中国地图的地理信息数据。

city_coordinates.js 包含了一些中国主要城市的地理信息数据。

walden.js 是 ECharts 的主题定义文件。

任务实施

在本任务中，利用前面学习的内容来完成一个招聘需求地域分布的图形绘制。示例代码如下。

```
1.    //加载职位数量地域热力分布图
2.            var mapdom = document.getElementById("main_map");
3.            //用于使 chart 自适应高度和宽度，通过窗体高宽计算容器的高宽
4.        var resizeMapContainer = function () {
5.            mapdom.style.width = $(".right-container").width()+'px';
6.            mapdom.style.height = $(".right-container").height()+'px';
7.        };
8.        resizeMapContainer();
9.        var mapChart = echarts.init(mapdom, 'walden');
10.        mapoption = null;
11.        mapoption = {
12.            title: {
13.                text: '招聘需求地域分布',
14.                left:'20',
15.                top:'5',
16.                textStyle:{color:"#000"}
17.            },
18.            backgroundColor: '#fff',
19.            visualMap: {
20.                min: 0,
21.                max: 4135,
22.                left: 'left',
23.                top: 'bottom',
24.                text: ['High','Low'],
25.                seriesIndex: [1],
```

```
26.                    inRange: {
27.                         color: ['#d94e5d','#eac736','#5dd84e'].reverse()
28.                    },
29.               calculable : true
30.          },
31.       geo: {
32.            map: 'china',
33.            roam: true,
34.            label: {
35.                 normal: {
36.                      show: true,
37.                      textStyle: {
38.                           color: 'rgba(0,0,0,0.4)'
39.                      }
40.                 }
41.            },
42.            itemStyle: {
43.                 normal:{
44.                      borderColor: 'rgba(0, 0, 0, 0.2)'
45.                 },
46.                 emphasis:{
47.                      areaColor: null,
48.                      shadowOffsetX: 0,
49.                      shadowOffsetY: 0,
50.                      shadowBlur: 20,
51.                      borderWidth: 0,
52.                      shadowColor: 'rgba(0, 0, 0, 0.5)'
53.                 }
54.            }
55.       },
56.       series: [
57.       {
58.       type: 'scatter',
59.       coordinateSystem: 'geo',
60.       symbolSize: 20,
61.       symbolRotate: 35,
62.       label: {
63.            normal: {
64.                 formatter: '{b}',
65.                 position: 'right',
66.                 show: false
67.            },
68.            emphasis: {
69.                 show: true
70.            }
71.       },
72.       itemStyle: {
73.            normal: {
```

```
74.                              color: '#F06C00'
75.                        }
76.                  }
77.            },
78.            {
79.                  name: 'position',
80.                  type: 'heatmap',
81.                  coordinateSystem: 'geo',
82.                  data: convertData([{name: "上海", value: 20675},{name:
"东莞", value: 700},{name: "中山", value: 10},{name: "乌鲁木齐", value: 360},{name: "佛山",
value: 520},{name: "兰州", value: 10},{name: "北京", value: 10350},{name: "北海", value:
20},{name: "南京", value: 3405},{name: "南昌", value: 400},{name: "南通", value:
190},{name: "厦门", value: 30},{name: "台州", value: 290},{name: "合肥", value:
1920},{name: "哈尔滨", value: 620},{name: "嘉兴", value: 170},{name: "大连", value:
30},{name: "天津", value: 650},{name: "太原", value: 135},{name: "宁波", value:
1355},{name: "常州", value: 230},{name: "广州", value: 11040},{name: "廊坊", value:
10},{name: "惠州", value: 10},{name: "成都", value: 3460},{name: "扬州", value:
10},{name: "新疆", value: 95},{name: "无锡", value: 30},{name: "日照", value: 175},{name:
"昆山", value: 320},{name: "昆明", value: 130},{name: "杭州", value: 5390},{name: "桂林",
value: 10},{name: "武汉", value: 4105},{name: "沈阳", value: 575},{name: "泉州", value:
125},{name: "济南", value: 430},{name: "深圳", value: 12775},{name: "湖南省", value:
155},{name: "潍坊", value: 10},{name: "珠海", value: 20},{name: "石家庄", value:
405},{name: "福州", value: 30},{name: "秦皇岛", value: 10},{name: "芜湖", value:
20},{name: "苏州", value: 1715},{name: "衡水", value: 45},{name: "西安", value:
1325},{name: "赣州", value: 105},{name: "郑州", value: 1030},{name: "鄂州", value:
10},{name: "重庆", value: 1260},{name: "长春", value: 175},{name: "长沙", value:
1435},{name: "青岛", value: 105}])
83.                  }
84.            ]
85.            };
86.            if (mapoption && typeof mapoption === "object") {
87.                  mapChart.setOption(mapoption, true);
88.                  $(window).resize(function(){
89.                        //重置容器高宽
90.                        resizeMapContainer();
91.                        mapChart.resize();
92.                  });
93.            }
```

项目小结

1. ECharts 的功能与环境配置框。
2. ECharts 绘制图表的常用配置项设置。

3．ECharts 中折线图、柱状图、饼图、散点图、雷达图、热力图和地图的绘制方法。

课后练习

一、选择题

1．图形类型为柱状图的是（　　）。
  A．type:'line'　　　　　　　　B．type:'pie'
  C．type:'scatter'　　　　　　D．type:'bar'

2．隐藏表述正确的是（　　）。
  A．show:false　　　　　　　　B．show:true
  C．show:fals　　　　　　　　　D．show:yes

3．下列不是 symbol 标志图形类型的是（　　）。
  A．angle　　　　　　　　　　B．circle
  C．emptytriangle　　　　　　　D．Diamond

4．下列（　　）是标志图形大小的代码。
  A．symbolType　　　　　　　B．symbol
  C．symbolStyle　　　　　　　D．SymbolSize

5．线条样式 lineStyle 中，线条类型—type:'dotted'，是（　　）。
  A．实线　　　　　　　　　　B．点虚线
  C．直线　　　　　　　　　　D．虚线

二、简答题

1．列举 ECharts 能绘制的图形有哪些。

2．描述使用 ECharts 绘制图形的基本步骤。

项目 4
Bootstrap 的使用

Bootstrap 是一种前端开发框架，它由规范的 CSS、JavaScript 插件构成，其最大的优势是响应式布局，使得开发者可以方便地让网页无论在台式机、平板设备、手机上都获得最佳的体验。在项目中使用 Bootstrap 可以大大减轻前端开发的压力。本项目将介绍 Bootstrap 的环境配置、栅格系统、常用组件，学习如何使用 Bootstrap 进行响应式网页开发。

学习目标

【知识目标】

（1）了解响应式布局的原理。

（2）掌握使用 Bootstrap 的环境配置方法。

（3）掌握 Bootstrap 中的栅格布局使用方法。

（4）掌握 Bootstrap 中的常用组件使用方法。

【能力目标】

（1）能够独立使用 Bootstrap 配置网页。

（2）能够熟练使用 Bootstrap 完成响应式布局。

（3）能够灵活使用 Bootstrap 中的常用组件。

任务 4.1 Bootstrap 介绍与环境配置

微课 4-1
Bootstrap 概述

任务描述

Bootstrap 是一个基于 HTML、CSS、JavaScript 的简洁、直观、功能强大的前端开发框架，可使 Web 开发更加快捷。本任务主要介绍 Bootstrap 前端开发框架的功能与环境配置。

任务目标

① 了解 Bootstrap 的功能。
② 掌握使用 Bootstrap 的环境配置。

知识储备

1. Bootstrap 简介

Bootstrap 框架包含如下内容：

- 基本结构：Bootstrap 提供了一个带有网格系统、链接样式、背景的基本结构。
- CSS：Bootstrap 自带全局的 CSS 设置、定义基本的 HTML 元素样式、可扩展的 class 等特性，以及一个先进的网格系统。
- 组件：Bootstrap 包含了十几个可重用的组件，用于创建图像、下拉菜单、导航、警告框、弹出框等。
- JavaScript 插件：Bootstrap 包含了十几个自定义的 jQuery 插件，可以直接包含所有的插件，也可以逐个包含这些插件。

微课 4-2
Bootstrap 安装

随着移动设备的普及，如何让用户通过移动设备浏览网站并获得良好的视觉效果，已经是一个不可避免的问题了。Bootstrap 的响应式 Web 设计能够自适应于台式计算机、平板电脑和手机。

Bootstrap 框架目前使用较广的是版本 2、3 和 4，其中 2 的最新版本是 2.3.2，3 的最新版本是 3.3.7，4 的最新版本是 4.3.0。在 2018 年 1 月下旬，Bootstrap 团队发布了 Bootstrap 4 正式版。本章使用的 Bootstrap 框架版本为常用的 3.3.7。

2. Bootstrap 环境配置

可以在 Bootstrap 中文网下载 Bootstrap 框架的 3.3.7 版本，见图 4-1。

图 4-1 下载 Bootstrap

Bootstrap 提供了两种形式的压缩包。

（1）用于生产环境的预编译版是编译并压缩后的 CSS、JavaScript 和字体文件，不包含文档和源码文件，可以直接用于生产环境。下载后解压的目录结构见图 4-2。

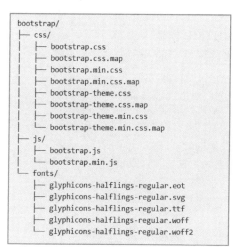

图 4-2　Bootstrap 目录结构

图 4-2 展示的就是 Bootstrap 的基本文件结构。Bootstrap 框架提供了编译好的 CSS 和 JavaScript（bootstrap.）文件，还有经过压缩的 CSS 和 JavaScript（bootstrap.min.）文件；还提供了 CSS 源码映射表（bootstrap.*.map），可以在某些浏览器的开发工具中使用；同时还包含了来自 Glyphicons 的图标字体，在附带的 Bootstrap 主题中使用到了这些图标。

（2）另外一种压缩包的形式是 Bootstrap 源码，它包含了预先编译的 CSS、JavaScript 和图标字体文件，并且还有 LESS、JavaScript 和文档的源码。解压后的目录结构见图 4-3。

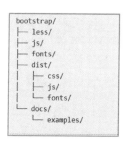

图 4-3　Bootstrap 源码目录结构

less/、js/ 和 fonts/ 目录分别包含了 CSS、JavaScript 和字体图标的源码。dist/ 目录包含了上面所说的预编译 Bootstrap 包内的所有文件。docs/包含了所有文档的源码文件，examples/目录是 Bootstrap 官方提供的实例工程。除了这些，其他文件还包含 Bootstrap 安装包的定义文件、许可证文件和编译脚本等。

直接下载用于生产环境的预编译版。

任务实施

创建一个 Web 项目目录，将下载的 Bootstrap 预编译版压缩包解压后的 css、js 和 fonts 三个目录复制到项目目录下。

在项目目录下新建一个 index.html 文件，按照下面的要求配置成使用 Bootstrap 框架的基本 HTML 模板。

① Bootstrap 需要使用标准的 html5 文档结构：

```html
<!DOCTYPE html>
<html lang="en">
<head>
    <meta charset="UTF-8">
    <title>Document</title>
</head>
<body>

</body>
</html>
```

② Bootstrap 是以第 2 章介绍的 jQuery 为基础的，在模板的 body 底部中也要引入对应的 jQuery：

```html
<!-- jQuery (necessary for Bootstrap's JavaScript plugins) -->
<script src="https://cdn.bootcss.com/jquery/1.12.4/jquery.min.js"></script>
```

③ 在文档中需要加入对 IE 浏览器版本的检查，如果是 IE 9 以下的浏览器需要在 head 部分引入其他的两个 .js 文件以便兼容：

```html
<!--[if lt IE 9]>
        <script src="https://cdn.bootcss.com/html5shiv/3.7.3/html5shiv.min.js"></script>
        <script src="https://cdn.bootcss.com/respond.js/1.4.2/respond.min.js"></script>
    <![endif]-->
```

④ bootstrap.min.css 是全局的样式表文件，将它添加到文档的 head 部分：

```html
<!-- Bootstrap -->
<link href="css/bootstrap.min.css" rel="stylesheet">
```

⑤ bootstrap.min.js 是脚本文件，也将它添加到文档的 body 底部：

```html
<script src="js/bootstrap.min.js"></script>
```

下面是完整的 index.html 文档源码。

```
1.    <!DOCTYPE html>
2.    <html lang="zh-CN">
3.      <head>
4.        <meta charset="UTF-8">
5.        <meta http-equiv="X-UA-Compatible" content="IE=edge">
6.        <meta name="viewport" content="width=device-width, initial-scale=1">
7.        <!-- 上述3个meta标签*必须*放在最前面,任何其他内容都*必须*跟随其后! -->
8.        <title>Bootstrap 101 Template</title>
9.
10.       <!-- Bootstrap -->
11.       <link href="css/bootstrap.min.css" rel="stylesheet">
12.
13.       <!-- HTML5 shim and Respond.js for IE8 support of HTML5 elements and
media queries -->
14.       <!-- WARNING: Respond.js doesn't work if you view the page via file:// -->
15.       <!--[if lt IE 9]>
16.         <script src="https://cdn.bootcss.com/html5shiv/3.7.3/html5shiv.min.js"></script>
17.         <script src="https://cdn.bootcss.com/respond.js/1.4.2/respond.min.js"></script>
18.       <![endif]-->
19.     </head>
20.     <body>
21.       <h1>你好，世界！</h1>
22.
23.       <!-- jQuery (necessary for Bootstrap's JavaScript plugins) -->
24.       <script src="https://cdn.bootcss.com/jquery/1.12.4/jquery.min.js"></script>
25.       <!-- Include all compiled plugins (below), or include individual files as needed -->
26.       <script src="js/bootstrap.min.js"></script>
27.     </body>
28.   </html>
```

任务 4.2　Bootstrap 框架解析

任务描述

Bootstrap 自带以下特性：全局的 CSS 设置、定义基本的 HTML 元素样式、可扩展的 class，以及一个先进的栅格系统。Bootstrap 提供的响应式、移动设备优先的流式栅格系统，随着屏幕或视口（viewport）尺寸的增加，系统会自动分为最多 12 列。

本任务介绍 Bootstrap 中以上特性的使用。

任务目标

① 掌握 Bootstrap 中全局样式表的设置。

② 掌握 Bootstrap 中栅格系统的使用。

③ 掌握 Bootstrap 中基本 HTML 元素的样式设置。

知识储备

1. 全局样式表

设置全局 CSS 样式；基本的 HTML 元素均可以通过 class 设置样式并得到增强效果；还有先进的栅格系统。

Bootstrap 使用到的某些 HTML 元素和 CSS 属性需要将页面设置为 HTML5 文档类型。在项目中的每个页面都要参照下面的格式进行设置。

```html
<!DOCTYPE html>
<html lang="en">
<head>
  <meta charset="UTF-8">
  <title>Document</title>
</head>
<body>

</body>
</html>
```

Bootstrap 排版、超链接样式设置了基本的全局样式。分别如下所述。

● 为 body 元素设置 background-color: #fff。

● 使用@font-family-base、@font-size-base 和@line-height-base 变量作为排版的基本参数。

● 为所有超链接设置了基本颜色@link-color，并且当链接处于:hover 状态时才添加下画线。

这些样式都能在 scaffolding.less 文件中找到对应的源码。

Bootstrap 需要为页面内容和栅格系统包裹一个.container 容器，此处提供了两个做此用处的类。注意，由于 padding 等属性的原因，这两种容器类不能互相嵌套。

① .container 类用于固定宽度并支持响应式布局的容器。

```html
<div class="container">
  ...
</div>
```

② .container-fluid 类用于 100% 宽度，占据全部视口（viewport）的容器。

```html
<div class="container-fluid">
  ...
</div>
```

2. 栅格系统

在平面设计中，栅格是一种由一系列用于组织内容的相交的直线（垂直的、水平的）组成的结构（通常是二维的），广泛应用于打印设计中的设计布局和内容结构。在网页设计中，它是一种用于快速创建一致的布局和有效地使用 HTML 和 CSS 的方法。

微课 4-4
栅格系统

Bootstrap 提供了一套响应式、移动设备优先的流式栅格系统，随着屏幕或视口（viewport）尺寸的增加，系统会自动分为最多 12 列，见图 4-4。

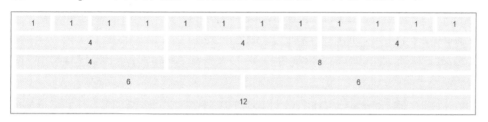

图 4-4 栅格系统

栅格系统通过一系列包含内容的行和列来创建页面布局。下面列出了 Bootstrap 栅格系统是如何工作的：

- 行必须放置在 .container class 内，以便获得适当的对齐（Alignment）和内边距（Padding）。
- 使用行来创建列的水平组。
- 内容应该放置在列内，且唯有列可以是行的直接子元素。
- 预定义的网格类，比如.row 和.col-xs-4，可用于快速创建栅格布局。
- 列通过内边距（Padding）来创建列内容之间的间隙。该内边距是通过.rows 上的外边距（Margin）取负实现的，表示第一列和最后一列的行偏移。
- 栅格系统是通过指定想要横跨的 12 个可用的列来创建的。例如，要创建 3 个相等的列，则使用 3 个.col-xs-4。

下面是 Bootstrap 网格的基本结构：

```
<div class="container">
   <div class="row">
      <div class="col-*-*"></div>
      <div class="col-*-*"></div>
   </div>
   <div class="row">...</div>
</div>
<div class="container">....
```

3. 响应式网页设计

响应式网页设计（responsive web design）的理念是：页面的设计与开发应当根据用户行为以及设备环境（系统平台、屏幕尺寸、屏幕定向等）进行相应的响应和调整。具体的实践方式由多方面组成，包括弹性网格和布局、图片、CSS media query 的使用等。无论用户正在使用笔记本电脑还是平板电脑，页面

微课 4-5
响应式网页设计

都应该能够自动切换分辨率、图片尺寸及相关脚本功能等，以适应不同设备。响应式网页设计就是一个网站能够兼容多个终端——而不是为每个终端做一个特定的版本。这样，开发者就可以不必为不断到来的新设备做专门的版本设计和开发了。

在 Bootstrap 2 中，对框架中的某些关键部分增加了对移动设备友好的样式。而在 Bootstrap 3 中，重写了整个框架，使其一开始就是对移动设备友好的。这次不是简单的增加一些可选的针对移动设备的样式，而是直接融合进了框架的内核中。也就是说，Bootstrap 是移动设备优先的。针对移动设备的样式融合进了框架的每个角落，而不是增加一个额外的文件。

为了确保适当的绘制和触屏缩放，需要在<head>之中添加视口元数据标签。

```
<meta name="viewport" content="width=device-width, initial-scale=1">
```

在移动设备浏览器上，通过为视口设置 meta 属性为 user-scalable=no 可以禁用其缩放（zooming）功能。这样禁用缩放功能后，用户只能滚动屏幕，就能让网站看上去更有原生应用的感觉。注意，这种方式并不推荐所有网站使用，还是要根据网站的实际情况而定。

```
<meta name="viewport" content="width=device-width, initial-scale=1, maximum-scale=1, user-scalable=no">
```

媒体查询是非常别致的有条件的 CSS 规则，它只适用于一些基于某些规定条件的 CSS。如果满足那些条件，则应用相应的样式。

Bootstrap 中的媒体查询允许基于视口大小移动、显示并隐藏内容。下面的媒体查询在 LESS 文件中使用，用来创建 Bootstrap 网格系统中的关键的分界点阈值。

```
/* 超小设备（手机，小于 768px） */
/* Bootstrap 中默认情况下没有媒体查询 */

/* 小型设备（平板电脑，768px 起） */
@media (min-width: @screen-sm-min) { ... }

/* 中型设备（台式计算机，992px 起） */
@media (min-width: @screen-md-min) { ... }

/* 大型设备（大台式计算机，1200px 起） */
@media (min-width: @screen-lg-min) { ... }
```

表 4-1 总结了 Bootstrap 栅格系统是如何跨多个设备工作的。

表 4-1　Bootstrap 栅格系统跨设备工作

	超小设备手机（<768px）	小型设备平板电脑（≥768px）	中型设备台式计算机（≥992px）	大型设备台式计算机（≥1200px）
网格行为	一直是水平的	以折叠开始，断点以上是水平的	以折叠开始，断点以上是水平的	以折叠开始，断点以上是水平的
最大容器宽度	None (auto)	750 px	970 px	1 170 px
Class 前缀	.col-xs-	.col-sm-	.col-md-	.col-lg-
列数量和	12	12	12	12
最大列宽	Auto	60 px	78 px	95 px
间隙宽度	30 px（一个列的每边分别 15 px）	30 px（一个列的每边分别 15 px）	30 px（一个列的每边分别 15 px）	30 px（一个列的每边分别 15 px）
可嵌套	Yes	Yes	Yes	Yes
偏移量	Yes	Yes	Yes	Yes
列排序	Yes	Yes	Yes	Yes

　　Bootstrap 提供了一些辅助类，以便更快地实现对移动设备友好的开发。这些可以通过媒体查询结合大型、小型和中型设备，实现内容对设备的显示和隐藏，如表 4-2 所示。

　　需要谨慎使用这些工具，避免在同一个站点创建完全不同的版本。响应式实用工具目前只适用于块和表切换。

表 4-2　Bootstrap 的辅助类

	超小屏幕手机（<768 px）	小屏幕平板电脑（≥768 px）	中等屏幕桌面计算机（≥992 px）	大屏幕桌面计算机（≥1200 px）
.visible-xs-*	可见	隐藏	隐藏	隐藏
.visible-sm-*	隐藏	可见	隐藏	隐藏
.visible-md-*	隐藏	隐藏	可见	隐藏
.visible-lg-*	隐藏	隐藏	隐藏	可见
.hidden-xs	隐藏	可见	可见	可见
.hidden-sm	可见	隐藏	可见	可见
.hidden-md	可见	可见	隐藏	可见
.hidden-lg	可见	可见	可见	隐藏

4．Bootstrap 排版

（1）页面主体

　　Bootstrap 将全局 font-size 设置为 14 px，line-height 设置为 1.428。这些属性直接赋予<body>元素和所有段落元素。另外，<p>（段落）元素还被设置了等于 1/2 行高（即 10 px）的底部外边距（margin）。

（2）中心内容

　　通过添加.lead 类可以让段落突出显示。

微课 4-6
Bootstrap 排版 1

微课 4-7
Bootstrap 排版 2

```
<p class="lead">...</p>
```

（3）内联文本元素
1）标记高亮文本
对于需要高亮的文本使用 <mark> 标签。

```
You can use the mark tag to <mark>highlight</mark> text.
```

2）被删除的文本
对于被删除的文本使用 <del> 标签。
~~This line of text is meant to be treated as deleted text.~~

```
<del>This line of text is meant to be treated as deleted text.</del>
```

3）无用文本
对于没用的文本使用 <s> 标签。

```
<s>This line of text is meant to be treated as no longer accurate.</s>
```

4）插入文本
额外插入的文本使用 <ins> 标签。

```
<ins>This line of text is meant to be treated as an addition to the document.</ins>
```

5）带下画线的文本
为文本添加下画线，使用 <u> 标签。

```
<u>This line of text will render as underlined</u>
```

利用 HTML 自带的表示强调意味的标签来为文本增添少量样式。
6）小号文本
对于不需要强调的 inline 或 block 类型的文本，使用 <small> 标签包裹，其内的文本将被设置为父容器字体大小的 85%。标题元素中嵌套的 <small> 元素被设置不同的 font-size。
还可以为行内元素赋予 .small 类以代替任何 <small> 元素。

```
<small>This line of text is meant to be treated as fine print.</small>
```

7）着重
通过增加 font-weight 值强调一段文本。

```
<strong>rendered as bold text</strong>
```

8）斜体

用斜体强调一段文本。

```
<em>rendered as italicized text</em>
```

（4）对齐

通过文本对齐类，可以简单方便地将文字重新对齐，见图 4-5。

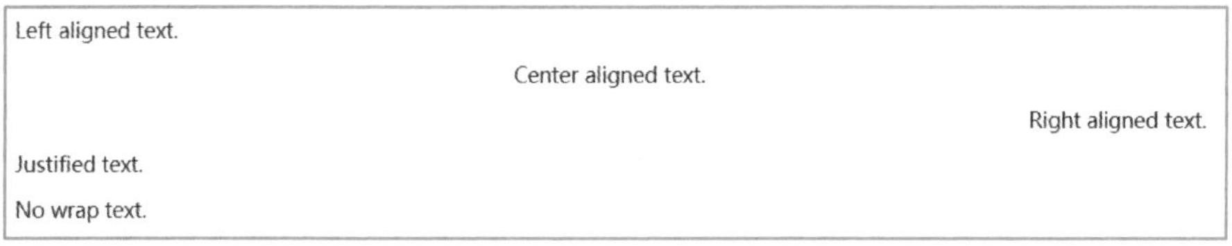

图 4-5　文本对齐类型

```
<p class="text-left">Left aligned text.</p>
<p class="text-center">Center aligned text.</p>
<p class="text-right">Right aligned text.</p>
<p class="text-justify">Justified text.</p>
<p class="text-nowrap">No wrap text.</p>
```

（5）地址

指让联系信息以最接近日常使用的格式呈现，在每行结尾添加
 可以保留需要的样式，见图 4-6。

图 4-6　地址信息格式

```
<address>
    <strong>×××, Inc.</strong><br>
    1355 Market Street, Suite 900<br>
    San Francisco, CA 94103<br>
    <abbr title="Phone">P:</abbr> (123) 456-7890
</address>

<address>
    <strong>Full Name</strong><br>
    <a href="mailto:#">first.last@example.com</a>
</address>
```

（6）引用

指在文档中引用其他来源的内容，引用的样式也有多种。

1）默认样式的引用

将任何 HTML 元素包裹在<blockquote>中即可表现为默认引用样式。对于直接引用，建议用<p>标签。

```
<blockquote>
    <p>Lorem ipsum dolor sit amet, consectetur adipiscing elit. Integer posuere erat a
ante.</p>
</blockquote>
```

2）多种引用样式

对于标准样式的<blockquote>，可以通过几个简单的变体就能改变风格和内容。

3）命名来源

添加<footer>用于标明引用来源，来源的名称可以包裹进<cite>标签中，见图 4-7。

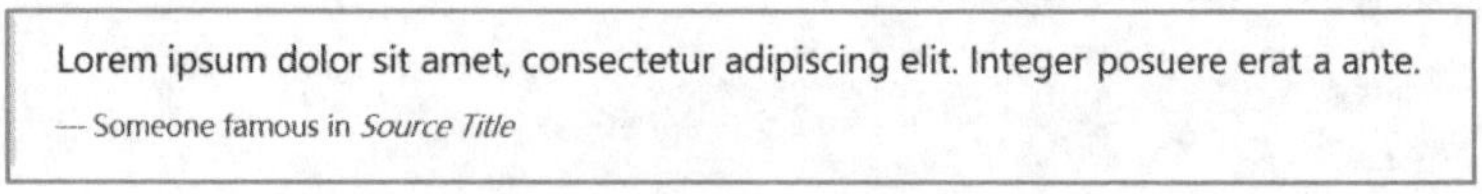

> Lorem ipsum dolor sit amet, consectetur adipiscing elit. Integer posuere erat a ante.
> — Someone famous in *Source Title*

图 4-7 引用左对齐效果图

```
<blockquote>
    <p>Lorem ipsum dolor sit amet, consectetur adipiscing elit. Integer posuere erat a
ante.</p>
    <footer>Someone famous in <cite title="Source Title">Source Title</cite></footer>
</blockquote>
```

4）另一种展示风格

通过赋予.blockquote-reverse 类可以让引用呈现内容右对齐的效果，见图 4-8。

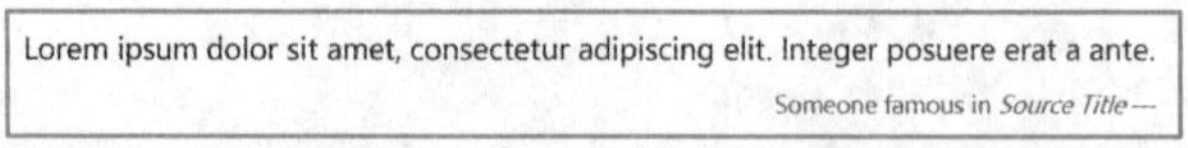

> Lorem ipsum dolor sit amet, consectetur adipiscing elit. Integer posuere erat a ante.
> Someone famous in *Source Title* —

图 4-8 引用右对齐效果图

```
<blockquote class="blockquote-reverse">
    ...
</blockquote>
```

（7）列表

1）无序列表

排列顺序无关紧要的一列元素。

```
<ul>
  <li>...</li>
</ul>
```

2）有序列表

顺序至关重要的一组元素。

```
<ol>
  <li>...</li>
</ol>
```

3）无样式列表

移除了默认的 list-style 样式和左侧外边距的一组元素（只针对直接子元素）。这是针对直接子元素的，也就是说，需要对所有嵌套的列表都添加这个类才能具有同样的样式。

```
<ul class="list-unstyled">
  <li>...</li>
</ul>
```

4）内联列表

通过设置 display: inline-block; 并添加少量的内补（padding），将所有元素放置于同一行。

```
<ul class="list-inline">
  <li>...</li>
</ul>
```

（8）图片

1）响应式图片

在 Bootstrap 3 中，通过为图片添加 .img-responsive 类可以让图片支持响应式布局。其实质是为图片设置了"max-width: 100%;""height: auto;"和"display: block;"属性，从而让图片在其父元素中更好地缩放。

如果需要让使用了 .img-responsive 类的图片水平居中，需使用 .center-block 类，不能用 .text-center。

```
<img src="..." class="img-responsive" alt="Responsive image">
```

2）图片形状

通过为<img>元素添加以下相应的类，可以让图片呈现不同的形状，见图 4-9。

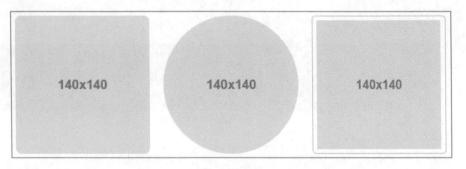

图 4-9　图片形状

```
<img src="..." alt="..." class="img-rounded">
<img src="..." alt="..." class="img-circle">
<img src="..." alt="..." class="img-thumbnail">
```

任务实施

　　为了在内容中嵌套默认的网格，可以添加一个新的.row，并在一个已有的.col-md-*列内添加一组.col-md-*列。被嵌套的行应包含一组列，这组列个数不能超过 12。在下面的实例中，布局有两个列，第 2 列被分为两行四个盒子。

```
1.    <!DOCTYPE html>
2.    <html>
3.    <head>
4.        <meta charset="utf-8">
5.        <title>Bootstrap 实例 - 嵌套列</title>
6.        <link rel="stylesheet" href="https://cdn.staticfile.org/twitter-bootstrap/3.3.7/css/
bootstrap.min.css">
7.        <script src="https://cdn.staticfile.org/jquery/2.1.1/jquery.min.js"></script>
8.        <script src="https://cdn.staticfile.org/twitter-bootstrap/3.3.7/js/bootstrap.min.js">
</script>
9.    </head>
10.   <body>
11.
12.   <div class="container">
13.
14.       <h1>Hello, world!</h1>
15.
16.       <div class="row">
17.
18.           <div class="col-md-3" style="background-color: #dedef8;box-shadow:
19.               inset 1px -1px 1px #444, inset -1px 1px 1px #444;">
20.               <h4>第一列</h4>
21.               <p>Lorem ipsum dolor sit amet, consectetur adipisicing elit.</p>
22.           </div>
```

```
23.
24.            <div class="col-md-9" style="background-color: #dedef8;box-shadow:
25.                inset 1px -1px 1px #444, inset -1px 1px 1px #444;">
26.                <h4>第二列 - 分为四个盒子</h4>
27.                <div class="row">
28.                    <div class="col-md-6" style="background-color: #B18904;
29.                        box-shadow: inset 1px -1px 1px #444, inset -1px 1px 1px #444;">
30.                        <p>Consectetur art party Tonx culpa semiotics. Pinterest
31.                            assumenda minim organic quis.
32.                        </p>
33.                    </div>
34.                    <div class="col-md-6" style="background-color: #B18904;
35.                        box-shadow: inset 1px -1px 1px #444, inset -1px 1px 1px #444;">
36.                        <p> sed do eiusmod tempor incididunt ut labore et dolore magna
37.                            aliqua. Ut enim ad minim veniam, quis nostrud exercitation
38.                            ullamco laboris nisi ut aliquip ex ea commodo consequat.
39.                        </p>
40.                    </div>
41.                </div>
42.
43.                <div class="row">
44.                    <div class="col-md-6" style="background-color: #B18904;
45.                        box-shadow: inset 1px -1px 1px #444, inset -1px 1px 1px #444;">
46.                        <p>quis nostrud exercitation ullamco laboris nisi ut
47.                            aliquip ex ea commodo consequat.
48.                        </p>
49.                    </div>
50.                    <div class="col-md-6" style="background-color: #B18904;
51.                        box-shadow: inset 1px -1px 1px #444, inset -1px 1px 1px #444;">
52.                        <p>Lorem ipsum dolor sit amet, consectetur adipisicing elit,
53.                            sed do eiusmod tempor incididunt ut labore et dolore magna
54.                            aliqua. Ut enim ad minim.</p>
55.                    </div>
56.                </div>
57.
58.            </div>
59.
60.        </div>
61.
62.    </div>
63.
64.    </body>
65.    </html>
```

任务 4.3　Bootstrap 组件

微课 4-8
下拉菜单

任务描述

Bootstrap 包含了十几个可重用的组件，用于创建图像、下拉菜单、导航、警告框、弹出框等。本任务主要介绍 Bootstrap 中这些常用组件的使用。

任务目标

① 掌握 Bootstrap 下拉菜单组件的使用。
② 掌握 Bootstrap 按钮组组件的使用。
③ 掌握 Bootstrap 导航和导航条组件的使用。
④ 掌握 Bootstrap 面包屑和分页组件的使用。
⑤ 掌握 Bootstrap 标签与徽章组件的使用。
⑥ 掌握 Bootstrap 缩略图组件的使用。
⑦ 掌握 Bootstrap 警告框组件的使用。

知识储备

1. 下拉菜单

下拉菜单是用于显示链接列表的可切换、有上下文的菜单，见图 4-10。

图 4-10　下拉菜单

下拉菜单包含一个触发器和一个菜单，触发器用一个按钮 button 实现，菜单使用类为 dropdown-menu 的无序列表 ul，它包含多个菜单项。触发器和菜单元素都要放在一个类为 dropdown 的 div 里。

```
<div class="dropdown">
</div>
```

为下拉菜单添加一条分隔线，用于将多个超链接分组。

```
<li role="separator" class="divider"></li>
```

下面是详细代码：

```
1.    <div class="dropdown">
```

```
2.        <button class="btn btn-default dropdown-toggle" type="button" id="dropdownMenu1"
   data-toggle="dropdown" aria-haspopup="true" aria-expanded="true">
3.          Dropdown
4.          <span class="caret"></span>
5.        </button>
6.        <ul class="dropdown-menu" aria-labelledby="dropdownMenu1">
7.          <li><a href="#">Action</a></li>
8.          <li><a href="#">Another action</a></li>
9.          <li><a href="#">Something else here</a></li>
10.         <li role="separator" class="divider"></li>
11.         <li><a href="#">Separated link</a></li>
12.       </ul>
13.     </div>
```

2. 按钮组

通过按钮组容器把一组按钮放在同一行里，见图 4-11。

图 4-11 按钮组

微课 4-9
按钮组

```
<div class="btn-group" role="group" aria-label="...">
  <button type="button" class="btn btn-default">Left</button>
  <button type="button" class="btn btn-default">Middle</button>
  <button type="button" class="btn btn-default">Right</button>
</div>
```

3. 导航和导航条

Bootstrap 中的导航组件都依赖同一个.nav 类，状态类也是共用的。改变修饰类可以改变样式。

（1）标签页

注意.nav-tabs 类依赖.nav 基类，见图 4-12。

图 4-12 标签页

微课 4-10
导航元素

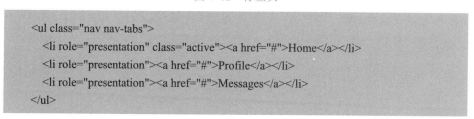

```
<ul class="nav nav-tabs">
  <li role="presentation" class="active"><a href="#">Home</a></li>
  <li role="presentation"><a href="#">Profile</a></li>
  <li role="presentation"><a href="#">Messages</a></li>
</ul>
```

（2）胶囊式标签页

HTML 标记与标签页相同，但使用.nav-pills 类，见图 4-13。

图 4-13　胶囊式标签页—水平方向

```
<ul class="nav nav-pills">
  <li role="presentation" class="active"><a href="#">Home</a></li>
  <li role="presentation"><a href="#">Profile</a></li>
  <li role="presentation"><a href="#">Messages</a></li>
</ul>
```

　　胶囊是标签页，也是可以垂直方向堆叠排列的，只需添加.nav-stacked 类即可，见图 4-14。

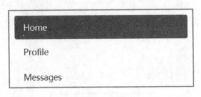

图 4-14　胶囊式标签页—垂直方向

```
<ul class="nav nav-pills nav-stacked">
  ...
</ul>
```

4. 面包屑和分页

（1）面包屑导航（Breadcrumbs）

　　面包屑导航是一种基于网站层次信息的显示方式。以博客为例，面包屑导航可以显示发布日期、类别或标签。它们表示当前页面在导航层次结构内的位置，见图 4-15。

Home / 2013 / 十一月

图 4-15　面包屑导航

　　Bootstrap 中的面包屑导航是一个简单的带有.breadcrumb class 的无序列表。分隔符会通过 CSS（bootstrap.min.css）中下面所示的 class 自动被添加：

```
<ul class="breadcrumb">
<li><a href="#">Home</a></li>
<li><a href="#">2013</a></li>
<li class="active">十一月</li>
</ul>
```

（2）分页

　　为网站或应用提供带有展示页码的分页组件，可以使用简单的翻页组件，见图 4-16。

图 4-16　分页组件

```
<nav aria-label="Page navigation">
  <ul class="pagination">
    <li>
      <a href="#" aria-label="Previous">
        <span aria-hidden="true">&laquo;</span>
      </a>
    </li>
    <li><a href="#">1</a></li>
    <li><a href="#">2</a></li>
    <li><a href="#">3</a></li>
    <li><a href="#">4</a></li>
    <li><a href="#">5</a></li>
    <li>
      <a href="#" aria-label="Next">
        <span aria-hidden="true">&raquo;</span>
      </a>
    </li>
  </ul>
</nav>
```

　　链接在不同情况下可以定制，可以给不能点击的链接添加 .disabled 类、给当前页添加 .active 类，见图 4-17。

图 4-17　分页组件—定制超链接

```
<nav aria-label=" Page navigation ">
  <ul class="pagination">
    <li class="disabled"><a href="#" aria-label="Previous"><span aria-hidden="true">&laquo;</span></a></li>
    <li class="active"><a href="#">1 <span class="sr-only">(current)</span></a></li>
    ...
  </ul>
</nav>
```

5. 标签与徽章

（1）标签

标签可用于计数、提示或显示页面上其他的标记，使用 class .label 来显示

微课 4-12
标签和徽章

标签，见图 4-18。

Example heading New

图 4-18　标签

```
<h3>Example heading <span class="label label-default">New</span></h3>
```

用下面的任何一个类即可改变标签的外观，见图 4-19。

Default Primary Success Info Warning Danger

图 4-19　标签外观类型

```
<span class="label label-default">Default</span>
<span class="label label-primary">Primary</span>
<span class="label label-success">Success</span>
<span class="label label-info">Info</span>
<span class="label label-warning">Warning</span>
<span class="label label-danger">Danger</span>
```

（2）徽章

徽章用来给链接、导航等元素嵌套<span class="badge">元素，可以很醒目地展示新的或未读的信息条目，见图 4-20。

图 4-20　徽章

```
<a href="#">Inbox <span class="badge">42</span></a>

<button class="btn btn-primary" type="button">
  Messages <span class="badge">4</span>
</button>
```

6. 缩略图

大多数站点都需要在网格中布局图像、视频、文本等，Bootstrap 通过缩略图为此提供了一种简便的方式。使用 Bootstrap 创建缩略图的操作如下。

在图像周围添加带有 class .thumbnail 的<a>标签，这会添加 4 个像素的内边距（padding）和一个灰色的边框。当鼠标悬停在图像上时，会动画显示出图像的轮廓，见图 4-21。

微课 4-13
缩略图

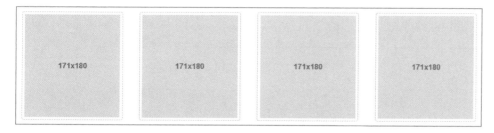

图 4-21 缩略图

```
<div class="row">
    <div class="col-xs-6 col-md-3">
        <a href="#" class="thumbnail">
            <img src="..." alt="...">
        </a>
    </div>
    ...
</div>
```

7. 警告框

警告框组件通过提供一些灵活的预定义消息，为常见的用户动作提供反馈消息。

将任意文本和一个可选的关闭按钮组合在一起就能组成一个警告框，.alert 类是必须要设置的，另外还提供了有特殊意义的 4 个类（例如，.alert-success），代表不同的警告信息，见图 4-22。

微课 4-14
警告框

> **Well done!** You successfully read this important alert message.
>
> **Heads up!** This alert needs your attention, but it's not super important.
>
> **Warning!** Better check yourself, you're not looking too good.
>
> **Oh snap!** Change a few things up and try submitting again.

图 4-22 警告框

```
<div class="alert alert-success" role="alert">...</div>
<div class="alert alert-info" role="alert">...</div>
<div class="alert alert-warning" role="alert">...</div>
<div class="alert alert-danger" role="alert">...</div>
```

可以为警告框添加一个可选的.alert-dismissible 类和一个关闭按钮，见图 4-23。

> **Warning!** Better check yourself, you're not looking too good. ×

图 4-23 带关闭按钮的警告框

```
<div class="alert alert-warning alert-dismissible" role="alert">
    <button type="button" class="close" data-dismiss="alert" aria-label="Close"><span aria-hidden="true">&times;</span></button>
    <strong>Warning!</strong> Better check yourself, you're not looking too good.
</div>
```

任务实施

综合以上学习的内容，接下来通过 Bootstrap 来创建一个完整的响应式网页实例，如图 4-24 所示。

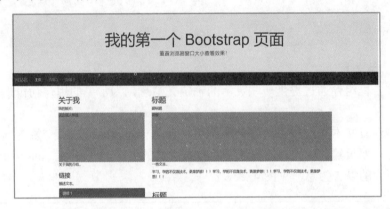

图 4-24 一个完整的网页实例

```
1.    <!DOCTYPE html>
2.    <html>
3.    <head>
4.        <meta charset="utf-8">
5.        <title>Bootstrap 实例 - 一个简单的网页</title>
6.        <link rel="stylesheet" href="https://cdn.staticfile.org/twitter-bootstrap/3.3.7/css/bootstrap.min.css">
7.        <script src="https://cdn.staticfile.org/jquery/2.1.1/jquery.min.js"></script>
8.        <script src="https://cdn.staticfile.org/twitter-bootstrap/3.3.7/js/bootstrap.min.js"></script>
9.        <style>
10.       .fakeimg {
11.           height: 200px;
12.           background: #aaa;
13.       }
14.       </style>
15.   </head>
```

```
16.    <body>
17.    <div class="jumbotron text-center" style="margin-bottom:0">
18.      <h1>我的第一个 Bootstrap 页面</h1>
19.      <p>重置浏览器窗口大小查看效果！</p>
20.    </div>
21.
22.    <nav class="navbar navbar-inverse">
23.      <div class="container-fluid">
24.        <div class="navbar-header">
25.          <button type="button" class="navbar-toggle" data-toggle="collapse" data-target="#myNavbar">
26.            <span class="icon-bar"></span>
27.            <span class="icon-bar"></span>
28.            <span class="icon-bar"></span>
29.          </button>
30.          <a class="navbar-brand" href="#">网站名</a>
31.        </div>
32.        <div class="collapse navbar-collapse" id="myNavbar">
33.          <ul class="nav navbar-nav">
34.            <li class="active"><a href="#">主页</a></li>
35.            <li><a href="#">页面 2</a></li>
36.            <li><a href="#">页面 3</a></li>
37.          </ul>
38.        </div>
39.      </div>
40.    </nav>
41.
42.    <div class="container">
43.      <div class="row">
44.        <div class="col-sm-4">
45.          <h2>关于我</h2>
46.          <h5>我的照片:</h5>
47.          <div class="fakeimg">这边插入图像</div>
48.          <p>关于我的介绍..</p>
49.          <h3>链接</h3>
50.          <p>描述文本。</p>
51.          <ul class="nav nav-pills nav-stacked">
52.            <li class="active"><a href="#">链接 1</a></li>
53.            <li><a href="#">链接 2</a></li>
54.            <li><a href="#">链接 3</a></li>
55.          </ul>
56.          <hr class="hidden-sm hidden-md hidden-lg">
57.        </div>
58.        <div class="col-sm-8">
59.          <h2>标题</h2>
```

```
60.        <h5>副标题</h5>
61.        <div class="fakeimg">图像</div>
62.        <p>一些文本..</p>
63.        <p>学习，学的不仅是技术，更是梦想！！！学习，学的不仅是技术，更是
梦想！！！学习，学的不仅是技术，更是梦想！！！</p>
64.        <br>
65.        <h2>标题</h2>
66.        <h5>副标题</h5>
67.        <div class="fakeimg">图像</div>
68.        <p>一些文本..</p>
69.         <p>学习，学的不仅是技术，更是梦想！！！学习，学的不仅是技术，更
是梦想！！！学习，学的不仅是技术，更是梦想！！！</p>
70.      </div>
71.      </div>
72.    </div>
73.
74.    <div class="jumbotron text-center" style="margin-bottom:0">
75.      <p>底部内容</p>
76.    </div>
77.    </body>
78.    </html>
```

项目小结

1．Bootstrap 简介与环境配置。
2．Bootstrap 中全局样式表和局部样式的设置。
3．Bootstrap 中栅格系统的使用。
4．Bootstrap 中常用组件的使用。

课后练习

一、选择题

1．下列（   ）类起徽章的作用。

    A．Tooltip   B．jumbotron

    C．badge   D．Thumbnail

2．关于分页组件说法错误的是（   ）。

    A．使用类 pagination 来实现

    B．.pagination-lg、.pagination-sm 类提供了额外可供选择的尺寸

    C．.disabled 类不可用于翻页中的链接

    D．previous 类和类 next 可以表示上一页、下一页

3．标签页加了 fade，使每个 tab-pane 切换标签页时有动画，怎样让第 1

个默认显示出来？（　　）

    A．添加类 active   B．添加类 show

    C．添加类 in   D．添加类 fadeIn

4．栅格系统小屏幕使用的类前缀是（　　）。

    A．.col-xs-   B．.col-sm-

    C．.col-md-   D．.col-lg-

5．以下（　　）不是 bootstrap 的特点。

    A．移动终端优先

    B．响应式设计

    C．包含大量的内置组件，易于定制

    D．闭源软件

二、简答题

1．简述 Bootstrap 中的栅格系统。

2．什么是响应式网页设计？

项目 5

Flask 框架

目前 Python 主流的 Web 框架有 Django 和 Flask 等。Web 框架主要用于动态网站开发。使用 Web 框架进行 Web 开发的时候，在数据缓存、数据库访问、数据安全校验等方面，不需要开发者再重新实现，直接使用 Web 框架已经提供的相应功能即可。开发者只需要关注网站的业务逻辑实现，使得在进行 Web 应用开发的时候，工作量大为减少。

Django 是一个比较重量级的框架，几乎提供了网站开发的所有的功能，包括视图、模板、模型、安全、缓存等。而 Flask 是一个轻量级的框架，只实现了一些核心的功能。但 Flask 提供了一种扩展机制，如果想使用更多的功能，也可以通过添加扩展的方式很方便地加入。

在项目可视化的过程中，需要提供一个用户界面与用户进行交互。本书相关项目使用基于 B/S（浏览器/服务器）的 Web 界面形式，需要用 Flask 去开发一个网站后台服务程序处理用户的请求。

学习目标 【知识目标】

（1）了解网页后台框架的工作原理。

（2）掌握 Flask 的安装和配置。

（3）掌握 Flask 中模板的使用。

（4）掌握 Flask 中与数据库进行交互的方法。

【能力目标】

（1）能够独立完成 Flask 后台服务器搭建。

（2）能够使用 Flask 编写完整的后台服务器程序。

任务 5.1 Flask 介绍与环境配置

微课 5-1
Flask 框架

任务描述

Flask 是一个使用 Python 编写的轻量级开源 Web 应用框架。其 WSGI（Web Server Gateway Interface，服务网关接口）采用 Werkzeug，模板引擎则使用 Jinja2。

Flask 也被称为微框架（microframework），因为它使用简单的核心，用扩展（extension）的方式增加其他功能。Flask 没有默认使用的对象关系映射 ORM、表单验证工具，但保留了扩增的弹性，可以用 Flask-extension 加入这些功能：对象关系映射 ORM、窗体验证工具、文件上传、各种开放式身份验证技术等。本任务介绍 Flask 的特点和环境配置，并用 Flask 创建第 1 个应用。

任务目标

① 了解 Flask 的特点。
② 掌握 Flask 的环境配置方法。

知识储备

1. Flask 的特点

下面是 Flask 的一些特点：

- 100% WSGI 1.0 协议兼容。
- 自带开发应用服务器和调试器（debugger）。
- 使用 Jinja2 模板引擎。
- 支持安全的 cookies。
- 支持 Unicode 编码。
- 可用 Extensions 增加其他功能。
- 集成了单元测试（Unit Testing）。
- RESTful（Representational State Transfer）风格的请求分发。
- 详细的文档和教程。

2. Flask 的安装

Flask 到目前为止最新的版本是 1.0.2，可以使用如下的方式安装 Flask：

```
pip install flask
```

在安装 Flask 过程中会自动安装模板引擎 Jinja2。
下面来检验安装是否成功：

```
1.    $ python
2.    Python 3.6.4 (default, Apr 23 xxxx, 18:41:36)
```

```
3.    Type "help", "copyright", "credits" or "license" for more information.
4.    >>> import flask
5.    >>> flask.__version__
6.    '1.0.2'
```

任务实施

1. 使用 Flask 编写简单的网站

现在使用 Flask 来编写一个简单的网站，浏览网站会显示"hello world"信息。

（1）首先需要从 flask 包中导入 Flask 类

```
from flask import Flask
```

Flask 这个类是项目的核心，以后很多操作都基于这个类的对象，如注册 url、注册蓝图等。

（2）下面创建一个 Flask 对象，并且传递一个 __name__ 参数

```
app = Flask(__name__)
```

__name__ 参数的作用：

① 可以规定模板和静态文件的查找路径。

② 以后一些 Flask 插件，如 Flask-SQLAlchemy 如果报错了，可通过 __name__ 参数找到具体错误位置。

（3）下面定义一个视图函数，用来处理用户请求

视图函数需要使用装饰器@app.route 装饰，装饰器@app.route('/')就是将 url"/"映射到 hello_world()这个视图函数上面，以后访问网站的"/"目录的时候会执行 hello_world()这个函数，然后将这个函数的返回值返回给浏览器。

```
@app.route('/')
def hello_world():
    return 'Hello World!'
```

（4）现在可以启动 Flask 测试服务器了

如果这个文件是作为一个主文件运行，那么就执行 app.run()方法就可以启动 Flask 自带的测试服务器，服务器默认端口号为 5000。

```
if __name__ == '__main__':
    app.run()
```

下面是 flask01.py 的完整的代码：

```
1.    from flask import Flask
```

微课 5-2
搭建 Flask 站点

```
2.    app = Flask(__name__)
3.    @app.route('/')
4.    def hello_world():
5.        return 'Hello World!'
6.    if __name__ == '__main__':
7.        app.run()
```

通过下面命令运行：

```
python flask01.py
```

输出见图 5-1。

图 5-1　输出结果

在浏览器中输入 http://127.0.0.1:5000/，显示结果见图 5-2。

图 5-2　浏览效果

说明我们的第一个 Flask 应用运行正常。

2. 模板渲染

在上一个示例中，视图函数只是简单返回了一个字符串"hello world"，但一般情况下，访问网站应该显示一个完整的网页内容。如果在代码中通过字符串来编写一个网页的内容，虽然在技术上是可行的，但是太繁琐了。这种情况下使用网站模板是一个非常好的解决方案。

在 Flask 中，配套的模板是 Jinja2，Jinja2 的作者也是 Flask 的作者。这个模板非常强大，并且执行效率高。

（1）模板的查找路径

① 在渲染模板的时候，默认会从项目根目录下的 templates 目录下查找模板。

② 如果不想把模板文件放在 templates 目录下，那么可以在 Flask 初始化的时候指定 template_folder 来指定模板的路径。

（2）首先创建一个 flasky 项目目录

接下来在这个文件夹里面搭建项目，其中目录结构见图 5-3。

图 5-3 项目目录结构

（3）在 templates 目录中新建一个模板文件 hello.html

```
1.   <!DOCTYPE html>
2.   <html lang="en">
3.   <head>
4.       <meta charset="UTF-8">
5.       <title>hello</title>
6.   </head>
7.   <body>
8.       hello   {{ name}}
9.   </body>
10.  </html>
```

模板中的{{name}}是定义了一个模板变量 name，模板变量需要放到两个大括号中。模板变量用于接收视图函数传递过来的动态数据。
（4）使用 render_template()方法可以渲染模板
只要提供模板名称和需要作为参数传递给模板的变量就行了。在项目中的 manage.py 文件输入下面的模板渲染例子：

```
1.   from flask import Flask
2.   from flask import render_template
3.
4.   app = Flask(__name__)
5.
6.   @app.route('/')
7.   def hello(name=None):
8.     return render_template('hello.html', name='zhangsan')
9.
10.  if __name__ == '__main__':
11.    app.run()
```

（5）在项目的根目录下打开命令窗口，执行以下命令运行项目代码

```
python manage.py
```

（6）根据后台提示 URL，在浏览器地址栏中输入该 URL
在浏览器中显示效果见图 5-4。

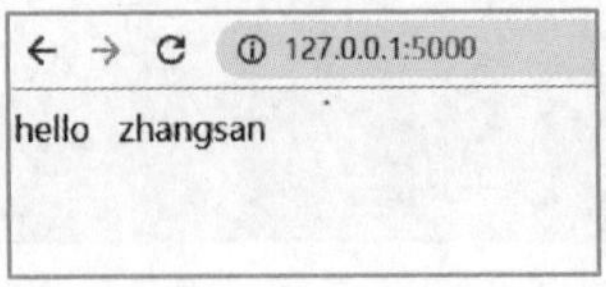

图 5-4 欢迎页效果

任务 5.2 路由和视图

任务描述

在 Flask 编写的应用程序中，使用路由来匹配用户请求的地址，然后使用对应的视图函数处理用户的请求数据并返回响应给用户。http 是一种无状态协议，无状态是指用户通过浏览器发送请求时，服务器无法知道之前这个用户做过什么，每次请求都相当于是一次新的请求。可以使用 Session 和 Cookie 技术来保持用户状态。

在本任务中主要介绍 Flask 中的路由设置、视图函数中用户请求的处理、如何返回不同的响应数据，以及 Cookie 和 Session 技术的使用。

任务目标

① 掌握 Flask 中的路由设置。
② 掌握 Flask 视图函数中请求的处理。
③ 掌握 Flask 视图函数中响应的处理。
④ 掌握 Flask 中 Cookie 和 Session 技术和使用。

知识储备

微课 5-3
变量及数据类型

1. 路由和视图函数

现代 Web 应用都使用有意义的 URL，这样有助于用户记忆，网页会更得到用户的青睐，提高访问回头率。

使用 route()装饰器来把函数绑定到 URL：

```
1.    @app.route('/')
2.    def index():
3.        return 'Index Page'
4.
5.    @app.route('/hello')
6.    def hello():
7.        return 'Hello, World'
```

但是能做的不仅仅是这些，可以动态变化 URL 的某些部分，还可以为一个函数指定多个规则。

（1）变量规则

通过把 URL 的一部分标记为<variable_name>就可以在 URL 中添加变量。标记的部分会作为关键字参数传递给函数。通过使用<converter:variable_name>，可以选择性地加上一个转换器，为变量指定规则。如下面的例子：

```
1.  @app.route('/user/<username>')
2.  def show_user_profile(username):
3.      # show the user profile for that user
4.      return 'User %s' % username
5.
6.  @app.route('/post/<int:post_id>')
7.  def show_post(post_id):
8.      # show the post with the given id, the id is an integer
9.      return 'Post %d' % post_id
10.
11. @app.route('/path/<path:subpath>')
12. def show_subpath(subpath):
13.     # show the subpath after /path/
14.     return 'Subpath %s' % subpath
```

转换器有如下类型：
- string：默认值，接受任何不包含斜杠的文本。
- int：接受正整数。
- float：接受正浮点数。
- path：类似 string，但可以包含斜杠。
- uuid：接受 UUID 字符串。

以下两条规则的不同之处在于是否使用尾部的斜杠。

```
1.  @app.route('/projects/')
2.  def projects():
3.      return 'The project page'
4.
5.  @app.route('/about')
6.  def about():
7.      return 'The about page'
```

projects 的 URL 是中规中矩的，尾部有一个斜杠，看起来就如同一个文件夹。访问一个没有斜杠结尾的 URL 时 Flask 会自动进行重定向，自动在尾部加上一个斜杠。

about 的 URL 没有尾部斜杠，因此其行为表现与一个文件类似。如果访问这个 URL 时添加了尾部斜杠就会得到一个 404 错误。这样可以保持 URL 唯一，并帮助搜索引擎避免重复索引同一页面。

（2）URL 反向查询

url_for()函数用于构建指定函数的 URL。它把函数名称作为第一个参数，可以接受任意个关键字参数，每个关键字参数对应 URL 中的变量。未知变量将添加到 URL 中作为查询参数。

为什么不把 URL 写死在模板中，而要使用反转函数 url_for()动态构建？主要有以下几点原因。

- URL 反向查询通常比硬编码 URL 的描述性更好。
- 可以只在一个地方改变 URL，而不用到处找。
- URL 创建会自动处理特殊字符的转义和 Unicode 数据，比较直观。
- 生产的路径总是绝对路径，可以避免相对路径产生副作用。
- 如果应用是放在 URL 根路径之外的地方（如在/myapplication 中，不在 / 中），url_for()会进行妥善处理。

例如，这里我们使用 test_request_context()方法来尝试使用 url_for()。test_request_context()告诉 Flask 正在处理一个请求，而实际上也许其正处在交互 Python shell 之中，并没有真正的请求。

```
1.    from flask import Flask, url_for
2.
3.    app = Flask(__name__)
4.
5.    @app.route('/')
6.    def index():
7.        return 'index'
8.
9.    @app.route('/login')
10.   def login():
11.       return 'login'
12.
13.   @app.route('/user/<username>')
14.   def profile(username):
15.       return '{}\'s profile'.format(username)
16.
17.   with app.test_request_context():
18.       print(url_for('index'))
19.       print(url_for('login'))
20.       print(url_for('login', next='/'))
21.       print(url_for('profile', username='John Doe'))
```

输出如下：

```
/
/login
/login?next=%2f
/user/John%20Doe
```

（3）HTTP 方法

Web 应用使用不同的 HTTP 方法处理 URL。当使用 Flask 时，应当熟悉 HTTP 方法。默认情况下，一个路由只回应 get 请求。可以使用 route() 装饰器的 methods 参数来处理不同的 HTTP 方法。

```
1.    from flask import request
2.
3.    @app.route('/login', methods=['GET', 'POST'])
4.    def login():
5.        if request.method == 'POST':
6.            return do_the_login()
7.        else:
8.            return show_the_login_form()
```

如果当前使用了 get 方法，Flask 会自动添加 head 方法支持，并且同时还会按照 HTTP RFC 来处理 HEAD 请求。同样，OPTIONS 也会自动实现。

2. 请求-响应

对于 Web 应用来说，对客户端向服务器发送的数据做出响应很重要。在 Flask 中由全局对象 request 来提供请求信息。

从 flask 模块导入请求对象：

```
from flask import request
```

通过使用 method 属性可以操作当前请求方法，通过使用 form 属性处理表单数据（在 post 或者 put 请求中传输的数据）。以下通过一个登录的示例说明如何处理请求的数据。项目的文档结构见图 5-5。

图 5-5 项目文档结构

在 templates 目录中添加两个模板文件：login.html 和 search.html，前面用于说明 POST 数据的提交，后者用于说明 GET 数据的提交。

login.html 的内容如下：

```
1.    <!DOCTYPE html>
2.    <html lang="en">
3.    <head>
4.        <meta charset="UTF-8">
5.        <title>login</title>
6.    </head>
7.    <body>
8.        <form action="{{ url_for('login') }}" method="post">
```

```
9.            <table>
10.             <tbody>
11.               <tr>
12.                 <td>用户名：</td>
13.                 <td><input type="text" placeholder="请输入用户名" name=
                    "username" /> </td>
14.               </tr>
15.               <tr>
16.                 <td>密码：</td>
17.                 <td><input type="text" placeholder="请输入密码" name=
                    "password" /> </td>
18.               </tr>
19.               <tr>
20.                 <td></td>
21.                 <td><input type="submit" value="登录"/></td>
22.               </tr>
23.             </tbody>
24.           </table>
25.         </form>
26.   </body>
27.   </html>
```

运行后，会显示登录表单，见图 5-6。

图 5-6 登录表单

search.html 的内容如下：

```
1.    <!DOCTYPE html>
2.    <html lang="en">
3.    <head>
4.        <meta charset="UTF-8">
5.        <title>Title</title>
6.    </head>
7.    <body>
8.    <a href="{{ url_for('search',q='hello') }}">搜索参数测试链接</a>
9.    </body>
10.   </html>
```

在 app.py 中编写视图函数如下：

```
1.    from flask import Flask,url_for,redirect,render_template,request
```

```
2.      app = Flask(__name__)
3.
4.      @app.route('/login/',methods=['POST','GET'])
5.      def login():
6.          if request.method == 'GET':#此处判断请求使用的是 get 还是 post 方法
7.              #如果是 get 请求，显示登录表单模板
8.              return render_template('login.html')
9.          else: #如果是 post 请求。获取登录表单中输入框输入的值
10.             username = request.form.get('username')
11.             password = request.form.get('password')
12.
13.             return "post request, username: %s password:%s" % (username,password)
14.
15.
16.     if __name__ == '__main__':
17.         app.run(debug=True)
```

运行后输入如图 5-7 所示信息。

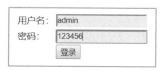

图 5-7　登录表单—get 效果

点击"登录"按钮后输出结果见图 5-8。

post request, username: admin password:123456

图 5-8　登录后输出结果

当获取了一个 form 属性中不存在的键时会引发一个 KeyError，如果在代码中没有使用异常处理去捕获 KeyError，那么会显示一个 HTTP 400 Bad Request 错误页面。因此，多数情况下可以不必处理这个问题。

要操作 get 请求（如?key=value）中提交的参数可以使用 args 属性：

```
searchword = request.args.get('key', '')
```

在 app.py 中增加如下的视图函数：

```
1.      @app.route('/search')
2.      def search():
3.      #get 请求，打印 url 后面所有的参数（key:value 形式）
4.      #如果有多个参数，通过 request.args.get('key')的方式获取值
5.          print (request.args)
6.          return render_template('search.html')
```

运行程序访问：http://127.0.0.1:5000/search，显示结果见图 5-9。

搜索参数测试链接

图 5-9　搜索参数测试页面

点击"搜索参数测试链接"后，浏览器的地址栏显示如下：

http://127.0.0.1:5000/search?q=hello

程序中输出结果见图 5-10。

图 5-10　输出结果

视图函数的返回值会自动转换为一个响应对象。如果返回值是一个字符串，那么会被转换为一个包含作为响应体的字符串、一个 200 OK 的响应代码和一个 text/html 类型的响应对象。以下是转换的规则：

- 如果视图返回的是一个响应对象，那么就直接返回它。
- 如果返回的是一个字符串，那么根据这个字符串和省略的参数生成一个用于返回的响应对象。
- 如果返回的是一个元组，那么元组中的项目可以提供额外的信息。元组中必须至少包含一个项目，且项目应当由（response, status, headers）或者（response, headers）组成。status 的值会重载状态代码，headers 是一个由额外头部值组成的列表或字典。
- 如果以上都不是，那么 Flask 会假定返回值是一个有效的 WSGI 应用并把它转换为一个响应对象。
- 如果想要在视图内部掌控响应对象的结果，那么可以使用 make_response() 函数。

如果有如下视图：

```
@app.errorhandler(404)
def not_found(error):
    return render_template('error.html'), 404
```

可以使用 make_response() 包裹返回表达式，获得响应对象，并对该对象进行修改，然后再返回：

```
@app.errorhandler(404)
def not_found(error):
    resp = make_response(render_template('error.html'), 404)
    resp.headers['X-Something'] = 'A value'
    return resp
```

3. 重定向和错误处理

使用 redirect() 函数可以重定向。使用 abort() 可以更早退出请求，并返回错误代码。

微课 5-4
重定向与 Cookie

```
1.    from flask import abort, redirect, url_for
2.
3.    @app.route('/')
4.    def index():
5.        return redirect(url_for('login'))
6.
7.    @app.route('/login')
8.    def login():
9.        abort(401)
10.       #因为前面出错，后面的代码不会再被执行
11.       return render_template('login.html')
12.
```

上例实际上是没有意义的，它让一个用户从索引页重定向到一个无法访问的页面（401 表示禁止访问）。但是上例可以说明重定向和出错跳出是如何工作的。

4. Cookie 和 Session

HTTP 是一种无状态协议，无状态是指用户通过浏览器发送请求时，服务器无法知道之前这个用户做过什么，每次请求都相当于是一次新的请求。产生无状态的原因是因为浏览器与服务器是使用 Socket 套接字进行通信的，服务器将请求结果返回给浏览器之后，会关闭当前的 Socket 连接，而且服务器也会在处理页面完毕之后销毁页面对象。但有时需要将用户浏览的状态保持下来，比如用户是否登录过、浏览过哪些商品等。

实现状态保持主要有使用 Cookie 在客户端存储信息，使用 Session 在服务器端存储信息两种方式。

（1）Cookie

Cookie 是指某些网站为了辨别用户身份、进行会话跟踪而存储在用户本地的数据（通常经过加密）。Cookie 最早是网景公司的 Lou Montulli 在 1993 年 3 月发明的。

Cookie 是由服务器端生成，发送给客户端浏览器，浏览器会将 Cookie 以 key/value 形式保存，下次请求同一网站时就发送该 Cookie 给服务器（前提是浏览器设置为启用 Cookie）。Cookie 的 key/value 可以由服务器端自己定义。

Cookie 应用包括：

- 最典型的应用是判定注册用户是否已经登录网站，用户可能会得到提示，是否在下一次进入此网站时保留用户信息以便简化登录手续。
- 网站的广告推送。经常遇到访问某个购物网站时，会弹出小窗口，展示用户曾经在网站上看过的商品信息。
- 购物车。用户可能会在一段时间内在同一家网站的不同页面中选择不同的商品，这些信息都会写入 Cookie，以便在最后付款时提取信息。

Cookie 是存储在浏览器中的一段纯文本信息，建议不要存储敏感信息如密

码，因为电脑上的浏览器可能被其他人使用。Cookie 基于域名安全，不同域名的 Cookie 是不能互相访问的，这是浏览器的同源策略。当浏览器请求某网站时，会将本网站下所有 Cookie 信息提交给服务器，所以在 request 中可以读取 Cookie 信息。

① 设置 Cookie

```
1.  from flask import Flask,make_response
2.  @app.route('/cookie')
3.  def set_cookie():
4.      resp = make_response('this is to set cookie')
5.      resp.set_cookie('username', 'admin')
6.      return resp
```

② 设置过期时间，单位为秒

```
1.  @app.route('/cookie')
2.  def set_cookie():
3.      response = make_response('hello world')
4.      response.set_cookie('username', 'admin', max_age=3600)
5.      return response
```

③ 获取 Cookie

```
1.  from flask import Flask,request
2.  #获取 cookie
3.  @app.route('/request')
4.  def resp_cookie():
5.      resp = request.cookies.get('username')
6.      return resp
```

（2）Session

对于敏感、重要的信息，建议存储在服务器端，不要存储在浏览器中，如用户名、余额、等级、验证码等信息，在服务器端进行状态保持的方案就是 Session。但是 Session 依赖于 Cookie，在客户端通过 Cookie 存储一个 session_id，然后具体的数据则保存在服务器的 Session 中。如果用户已经登录，则服务器会在 Cookie 中保存一个 session_id，下次再请求的时候，会把该 Cookie 中的 session_id 携带上。服务器根据 session_id 在 Session 中获取用户的 Session 数据，就能知道该用户到底是谁，以及之前保存的一些状态信息。

使用 Session 之前必须设置一个密钥。如何生成一个好的密钥？

生成随机数的关键在于一个好的随机种子，因此一个好的密钥应当有足够的随机性。操作系统可以有多种方式基于密码随机生成器来生成随机数据。可以定义下面的方法快捷地为 Flask.secret_key（或者 SECRET_KEY）生成值：

```
def genSecretKey():
import os
return os.urandom(16)
```

Flask 支持如下 Session 操作：

- 设置 Session：通过 flask.session 就可操作 Session 了，操作 Session 就跟操作字典是一样的，session['username'] = 'derek'。
- 获取 Session：也是类似字典，session.get('key')。
- 删除 Session：session.pop(key)，删除指定的值；session.clear()，删除 Session 中所有的值。
- 设置 Session 有效期：如果没有设置 Session 的有效期，那么默认就是浏览器关闭后过期；如果设置 session.parmanent=True，那么就会默认 31 天后过期。如果不想在 31 天后过期，那么可以设置 app.config['PERMANENT_SESSION_LIFETIME']= timedelta(hour=2)

可以指定多长时间后过期，如此处指定为 2 小时。

完整示例如下：

```
1.   from flask import Flask, session, redirect, url_for, escape, request
2.
3.   app = Flask(__name__)
4.   def genSecretKey():
5.   import os
6.   return os.urandom(16)
7.
8.   # 设置密钥
9.   app.secret_key = genSecretKey()
10.
11.  @app.route('/')
12.  def index():
13.      #判断 session 中是否有 username
14.      if 'username' in session:
15.          return 'Logged in as %s' % escape(session['username'])    #获取 session
16.      return 'You are not logged in'
17.
18.  @app.route('/login', methods=['GET', 'POST'])
19.  def login():
20.      if request.method == 'POST':
21.          #设置 session
22.          session['username'] = request.form['username']
23.          return redirect(url_for('index'))
24.      return '''
25.          <form method="post">
26.              <p><input type=text name=username>
27.              <p><input type=submit value=Login>
```

```
28.          </form>
29.      ""
30.
31.  @app.route('/logout')
32.  def logout():
33.      # remove the username from the session if it's there
34.      session.pop('username', None)    #删除 session
35.      return redirect(url_for('index'))
36.  if __name__ == '__main__':
37.  app.run()
```

这里用到的 escape()是用来转义的。如果不使用模板引擎就可以像上例一样使用这个函数来转义。

任务实施

本案例使用 Flask 来开发一个登录功能，用到两个文件：app.py 和 login.html。下面分别是这两个文件的源代码：

1. app.py

```
1.   from flask import Flask, request,   redirect, render_template,session
2.
3.   app = Flask(__name__)
4.
5.   app.secret_key='QWERTYUIOP'#对用户信息加密
6.
7.   @app.route('/login',methods=['GET',"POST"])
8.   #路由默认接收请求方式位 POST，然而登录所需要请求都有，所以要特别声明
9.   def login():
10.      if request.method=='GET':
11.          return   render_template('login.html')
12.      user=request.form.get('user')
13.      pwd=request.form.get('pwd')
14.      if user=='admin' and pwd=='123':
15.  #这里可以根据数据库里的用户和密码来判断，因为是最简单的登录界面，所有没用
16.          session['user_info']=user
17.          return redirect('/index')
18.      else:
19.          return   render_template('login.html',msg='用户名或密码输入错误')
20.
21.  @app.route('/index')
22.  def index():
23.      user_info=session.get('user_info')
24.      if not user_info:
25.          return redirect('/login')
```

```
26.        return 'hello'
27.
28.    @app.route('/logout')
29.    def logout_():
30.        del session['user_info']
31.        return redirect('login')
32.
33.    if __name__ == "__main__":
34.        app.run()
```

2. Login.html

```
1.    <!DOCTYPE html>
2.    <html>
3.    <head>
4.        <meta  charset="UTF-8">
5.        <title>用户登录</title>
6.    </head>
7.    <body>
8.        <h1>登录</h1>
9.        <form  method="post">
10.        <input type="text"  name="user" >
11.        <input  type="password" name="pwd" >
12.        <input  type="submit" name="登录">{{msg}}
13.        </form>
14.    </body>
15.    </html>
```

任务 5.3　模板

任务描述

微课 5-5
Jinja2 介绍与语法

在 Flask 程序中，业务逻辑部分也就是后台，一般就是在 Python 文件中编写，表现逻辑部分就会在 HTML 文件中编写，也就是模板文件。

在 Flask Web 开发中，一般是提供一个 HTML 模板文件，然后将数据传递到模板中，在渲染 HTML 模板文件后会得到最终的 HTML 响应文件。在 Flask 框架中，是使用 Jinja2 模板引擎对模板文件进行渲染。

本任务主要学习 Flask 中的模板语法和模板继承等知识点。

任务目标

① 掌握 Flask 中的常用模板语法。

② 掌握 Flask 中的模板继承。

③ 掌握 Falsk 模板中静态文件的使用。

④ 掌握 Flask 通过 flask-bootstrap 插件在模板中使用 Bootstrap。

知识储备

1. Jinja2 模板引擎

Jinja2 是一个现代的，设计者友好的，仿照 Django 模板的 Python 模板语言。它速度快，被广泛使用，并且提供了可选的沙箱模板执行环境保证安全。模板中包含变量或表达式,这两者在模板求值的时候会被替换为实际传入的值。模板中还有一些标签，用于控制模板的逻辑。

下面创建一个模板的演示项目 templateDemo，目录结构见图 5-11。

图 5-11　项目目录结构

创建一个 index.html 文件，它是一个最小的模板，阐明了一些模板使用的基础。本节会在后面的部分解释细节。内容如下:

```
1.    <!DOCTYPE HTML PUBLIC "-//W3C//DTD HTML 4.01//EN">
2.    <html lang="en">
3.    <head>
4.        <title>My Webpage</title>
5.    </head>
6.    <body>
7.        <ul id="navigation">
8.        {% for item in navigation %}
9.            <li><a href="{{ item.href }}">{{ item.caption }}</a></li>
10.       {% endfor %}
11.       </ul>
12.
13.       <h3>welcome</h3>
14.       {{ a_variable }}
15.   </body>
16.   </html>
```

这里有两种分隔符：{% ... %}和{{ ... }}。前者用于执行诸如 for 循环语句或赋值的语句，后者用于把表达式的结果打印到模板上。

Flask 应用把变量传递到模板，变量中也可以有能访问的属性或元素。可以使用点"."来访问变量的属性，作为替代，也可以使用所谓的"下标"语法"[]"。下面的两行效果是一样的:

```
{{ foo.bar }}
{{ foo['bar'] }}
```

如果变量或属性不存在，会返回一个未定义值。

然后在 app.py 中加入如下的代码，用于渲染模板和向模板文件传递值。

```
1.    from flask import Flask,render_template
2.    app = Flask(__name__)
3.
4.    @app.route('/')
5.    def index():
6.        navigation = [
7.            {
8.                'href':'#',
9.                'caption':'首页'
10.           },
11.           {
12.               'href':'#',
13.               'caption':'新闻'
14.           },
15.           {
16.               'href':'#',
17.               'caption':'产品'
18.           },
19.           {
20.               'href':'#',
21.               'caption':'联系'
22.           },
23.       ]
24.       a_variable = '欢迎光临本网站'
25.       context = {'navigation':navigation,'a_variable':a_variable}
26.       return render_template('index.html',**context)
```

在代码中 navigation 是一个列表，里面存储了 4 个字典，用于模板中导航条的生成；a_variable 是一个字符串变量，用于显示一段欢迎词。将这两个变量分别用模板中定义的名字作为键，放到字典 context 中，在渲染模板时将 context 一起传给模板。context 前面的**是将字典分解成函数的关键字参数的用法。运行程序后显示页面见图 5-12。

图 5-12　导航页

下面解释模板中常用的一些语法。

（1）过滤器

变量可以通过过滤器修改。过滤器与变量用管道符号"|"分隔，并且也可以用圆括号传递可选参数。多个过滤器可以链式调用，前一个过滤器的输出会被作为后一个过滤器的输入。

例如：

```
{{ name|striptags|title }}
```

过滤器会移除 name 中的所有 HTML 标签并且改写为标题样式的大小写格式。

过滤器接受带圆括号的参数，如同函数调用。这个例子会把一个列表用逗号连接起来：

```
{{ list|join(', ') }}
```

（2）注释

要把模板中一行的部分注释掉，默认使用{# ... #}注释语法。这在调试或添加给自己或其他模板设计者的信息时是有用的：

```
{# note: disabled template because we no longer use this
    {% for user in users %}
        ...
    {% endfor %}
#}
```

（3）控制结构

控制结构指的是所有那些可以控制程序流的语句——条件语句（比如 if、elif、else）、for 循环语句、宏和块。控制结构在默认语法中以{% .. %}块的形式出现。

1）for

遍历序列中的每项。例如，要显示一个由 users 变量提供的用户列表：

```
<h1>Members</h1>
<ul>
{% for user in users %}
  <li>{{ user.username|e }}</li>
{% endfor %}
</ul>
```

如果给模板中的变量传递的是一个对象，在模板中也可以使用对象的属性和方法，如传递给 my_dict 变量的是一个字典，可以使用下面的代码循环遍历这个字典中的键值对：

```
<dl>
{% for key, value in my_dict.iteritems() %}
    <dt>{{ key|e }}</dt>
    <dd>{{ value|e }}</dd>
{% endfor %}
</dl>
```

2）if

Jinja2 中的 if 语句类似于 Python 中的 if 语句。可以以最简单的形式，测试一个变量是否未定义、为空或 false：

```
{% if users %}
<ul>
{% for user in users %}
    <li>{{ user.username|e }}</li>
{% endfor %}
</ul>
{% endif %}
```

像在 Python 中一样，可以用 elif 和 else 来构建多个分支，也可以使用更复杂的表达式：

```
{% if kenny.sick %}
    Kenny is sick.
{% elif kenny.dead %}
    You killed Kenny!    You bastard!!!
{% else %}
    Kenny looks okay --- so far
{% endif %}
```

2. 模板继承

Jinja2 中最强大的部分就是模板继承。模板继承允许构建一个包含站点共同元素的基本模板"骨架"，并定义子模板可以覆盖的块。

（1）基本模板

在项目中再添加一个新模板文件 base.html，它定义了一个简单的 HTML 骨架文档，是常使用的一个简单两栏页面。注意，使用内容填充空的块是子模板的工作。

微课 5-6
模板继承

```
1.    <!DOCTYPE HTML PUBLIC "-//W3C//DTD HTML 4.01//EN">
2.    <html lang="en">
3.    <html xmlns="http://www.w3.org/1999/xhtml">
4.    <head>
5.        {% block head %}
```

```
6.        <link rel="stylesheet" href="style.css" />
7.        <title>{% block title %}{% endblock %} - My Webpage</title>
8.        {% endblock %}
9.     </head>
10.    <body>
11.        <div id="content">{% block content %}{% endblock %}</div>
12.        <div id="footer">
13.            {% block footer %}
14.            &copy; Copyright 2008 by <a href="http://domain.invalid/">you</a>.
15.            {% endblock %}
16.        </div>
17.    </body>
```

在本例中，{% block %} 标签定义了 4 个子模板可以填充的块。所有的 block 标签告诉模板引擎子模板可以覆盖模板中的这些部分。

（2）子模板

接下来定义一个子模板 child.html，内容如下：

```
1.     {% extends "base.html" %}
2.     {% block title %}Index{% endblock %}
3.     {% block head %}
4.         {{ super() }}
5.         <style type="text/css">
6.             .important { color: #336699; }
7.         </style>
8.     {% endblock %}
9.     {% block content %}
10.        <h1>Index</h1>
11.        <p class="important">
12.           Welcome on my awesome homepage.
13.        </p>
14.    {% endblock %}
```

{% extend %}标签是这里的关键。它告诉模板引擎这个模板"继承"另一个模板。当模板系统对这个模板求值时，首先定位父模板。extends 标签应该是模板中的第一个标签，它前面的所有东西都会按照普通情况打印出来。

模板的文件名依赖于模板加载器，如 FileSystemLoader 允许用文件名访问其他模板。可以使用斜线访问子目录中的模板：

```
{% extends "layout/default.html" %}
```

这种行为也可能依赖于应用内嵌的 Jinja2。注意子模板没有定义 footer 块，会使用父模板中的值。

不能在同一个模板中定义多个同名的 {% block %} 标签。因为块标签以两种方向工作，所以存在这种限制。即一个块标签不仅提供一个可以填充的部分，也在父级定义填充的内容。如果同一个模板中有两个同名的 {% block %} 标签，父模板无法获知要使用哪一个块的内容。

如果想要多次打印一个块，无论如何可以使用特殊的 self 变量并调用与块同名的函数：

```
<title>{% block title %}{% endblock %}</title>
<h1>{{ self.title() }}</h1>
{% block body %}{% endblock %}
```

在 app.py 中添加新的路由函数：

```
@app.route('/child')
def child():
    return render_template('child.html')
```

重新运行程序，访问如下地址：http://127.0.0.1:5000/child，显示效果见图 5-13。

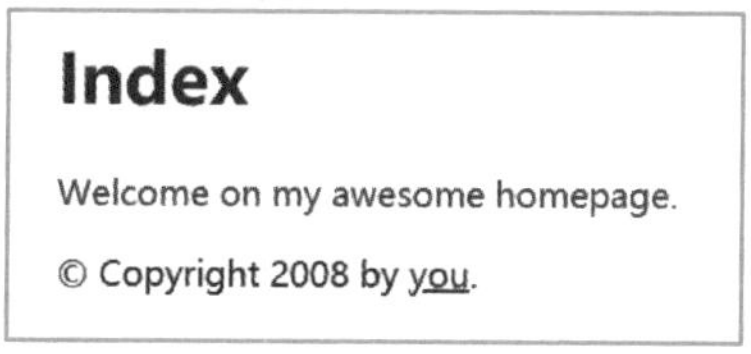

Index

Welcome on my awesome homepage.

© Copyright 2008 by you.

图 5-13　子模板显示效果

（3）Super 块

可以调用 super()函数来渲染父级块的内容。这会返回父级块的结果：

```
{% block sidebar %}
    <h3>Table Of Contents</h3>
    ...
    {{ super() }}
{% endblock %}
```

（4）命名块结束标签

Jinja2 允许在块的结束标签中加入名称来改善可读性：

```
{% block sidebar %}
    {% block inner_sidebar %}
        ...
    {% endblock inner_sidebar %}
{% endblock sidebar %}
```

无论如何，endblock 后面的名称一定要与块名匹配。

3. 转义

当从模板生成 HTML 时，始终有这样的风险：变量包含影响已生成 HTML 的字符。有两种解决方法，即手动转义每个字符或默认自动转义所有的变量。

微课 5-7
转义

Jinja2 两者都支持，但使用哪种方法取决于应用的配置。默认的配置未开启自动转义是因为下面的 2 个原因：

① 转义所有非安全值的变量也意味着 Jinja2 可能会转义已知不包含 HTML 的变量，比如数字，这对性能有巨大影响。

② 关于变量安全性的信息是模糊的。可能会发生强制标记一个值为安全或非安全的情况，而返回值会被作为 HTML 转义两次。

（1）使用手动转义

如果启用了手动转义，按需转义变量就变成了程序员的责任。如果有一个可能包含>、<、&或"字符的变量，就必须将它转义，因为这些字符在 HTML 中有特殊的含义。除非变量中的 HTML 有可信的规范的格式。

手动转义通过用管道传递到过滤器 |e 来实现：

```
{{ user.username|e }}
```

（2）使用自动转义

当启用了自动转义，默认会转义一切变量，除非变量的值被显式地标记为安全的。可以在应用中标记，也可以在模板中使用 |safe 过滤器标记。

如前所述，关于变量安全性的信息是模糊的，自动转义有可能会出现双重转义。但双重转义很容易避免，只需要依赖 Jinja2 提供的工具而不使用诸如字符串模运算符这样的 Python 内置结构。

返回模板数据的函数，其返回值总是被标记为安全的。

4. 自定义错误页面

缺省情况下每种出错代码都会对应显示一个黑白的出错页面。使用 errorhandler() 装饰器可以定制出错页面：

```
from flask import render_template
@app.errorhandler(404)
def page_not_found(error):
    return render_template('page_not_found.html'), 404
```

注意 render_template()后面的 404，这表示页面对应的出错代码是 404，即页面不存在。默认情况下 200 表示：一切正常。

在处理请求时，当 Flask 捕捉到一个异常时，它首先根据代码检索。如果该代码没有注册处理器，它会根据类的继承来查找，确定最合适的注册处理器。如果找不到已注册的处理器，那么 HTTPException 子类会显示一个关于代码的通用消息。没有代码的异常会被转换为一个通用的 500 内部服务器错误。

5. 静态文件

静态文件指网站中的.css、.js、图片等文件。

这是实例化一个 Flask 对象最基本的写法:

```
app = Flask(__name__)
```

但是 Flask 中还有其他参数,以下是可填的参数,及其默认值:

```
def __init__(self, import_name, static_path=None,
static_url_path=None,
                static_folder='static', template_folder='templates',
                instance_path=None, instance_relative_config=False,
                root_path=None):
```

微课 5-8
静态文件

- template_folder:模板所在文件夹的名字。
- root_path:可以不用填,系统会自动找到,当前执行文件,所在目录地址。
- 在 return render_template 时会将上面两个进行拼接,找到对应的模板地址。
- static_folder:静态文件所在文件的名字,默认是 static,可以不用填。
- static_url_path:静态文件的地址前缀,访问静态文件时,就要在前面加上这个前缀。

```
app =
Flask(__name__,template_folder='templates',static_url_path='/xxxxxx')
```

如在根目录下创建目录 templates 和 static,则 return render_template 时,可以找到里面的模板页面;如在 static 文件夹里存放 11.png,在引用该图片时,静态文件地址为:/xxxxxx/11.png。

加载静态文件使用的是 url_for 函数,其第一个参数需要为 static,第二个参数需要为一个关键字参数"filename='路径'"。

语法:

```
{{ url_for("static",filename='xxx') }}
```

6. 使用 Flask-Bootstrap

Bootstrap 作为一个开源框架,它提供的用户界面组件可用于创建整洁且具有吸引力的网页,而且这些网页还能兼容所有现代 Web 浏览器。要想在程序中集成 Bootstrap,显然要对模板做必要的改动。不过,更简单的方法是使用一个名为 Flask-Bootstrap 的 Flask 扩展,简化集成的过程。

Flask-Bootstrap 使用 pip 安装:

微课 5-9
使用 Flask-Bootstrap

```
pip install flask_bootstrap
```

Flask 扩展一般都在创建程序实例时初始化，下面是 Flask-Bootstrap 的初始化方法：

```
from flask_bootstrap import Bootstrap
bootstrap = Bootstrap(app)
```

初始化 Flask-Bootstrap 之后，就可以在程序中使用一个包含所有 Bootstrap 文件的基模板。这个模板利用 Jinja2 的模板继承机制，让程序扩展一个具有基本页面结构的基模板，其中就有用来引入 Bootstrap 的元素。

下面创建一个项目来说明 Flask-Bootstrap 的使用，项目名称是 bootstrapDemo，目录结构见图 5-14。

图 5-14　项目目录结构

在 templates 目录新建一个 index.html 模板文件，内容如下：

```
1.   {%extends "bootstrap/base.html"%}
2.
3.   {%block title %}Flask{% endblock %}
4.
5.   {%block navbar %}
6.   <div class="navbar navbar-inverse" role="navigation">
7.       <div class="container">
8.           <div class="navbar-header">
9.               <button type="button" class="navbar-toggle"
10.              data-toggle="collapse" data-target=".navbar-collapse">
11.                  <span class="sr-only">Toggle navigation</span>
12.                  <span class="icon-bar"></span>
13.                  <span class="icon-bar"></span>
14.                  <span class="icon-bar"></span>
15.              </button>
16.              <a class="navbar-brand" href="/">Flasky</a>
17.          </div>
18.          <div class="navbar-collapse collapse">
19.              <ul class="nav navbar-nav">
20.                  <li><a href="/">Home</a></li>
21.              </ul>
22.          </div>
23.      </div>
24.  </div>
25.
```

```
26.    {% endblock %}
27.    {% block content %}
28.    <div class="container">
29.        <div class="page-header">
30.            <h1>Hello, {{ name }}!</h1>
31.        </div>
32.    </div>
33.    {% endblock %}
```

Jinja2 中的 extends 指令从 Flask-Bootstrap 中导入 bootstrap/base.html，从而实现模板继承。Flask-Bootstrap 中的基模板提供了一个网页框架，引入了 Bootstrap 中的所有 CSS 和 JavaScript 文件。基模板中定义了可在衍生模板中重定义的块。block 和 endblock 指令定义的块中的内容可添加到基模板中。

上面这个 index.html 模板定义了 3 个块，分别名为 title、navbar 和 content，这些块都是基模板提供的，可在衍生模板中重新定义。title 块的作用很明显，其中的内容会出现在渲染后的 HTML 文档头部，放在 <title> 标签中。navbar 和 content 这两个块分别表示页面中的导航条和主体内容。在这个模板中，navbar 块使用 Bootstrap 组件定义了一个简单的导航条。content 块中有个 <div> 容器，其中包含一个页面头部。之前版本的模板中的欢迎信息，现在就放在这个页面头部。

在 app.py 文件中添加如下的代码：

```
1.     from flask import Flask,render_template
2.     from flask_bootstrap import Bootstrap
3.
4.     app = Flask(__name__)
5.     bootstrap = Bootstrap(app)
6.
7.     @app.route('/')
8.     def index():
9.         context = {'name':'flask'}
10.        return render_template('index.html',**context)
11.
12.    if __name__ == '__main__':
13.        app.run(debug=True)
```

运行结果见图 5-15。

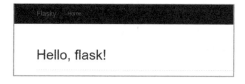

图 5-15 项目运行结果

Flask-Bootstrap 的 base.html 模板还定义了很多其他块，都可在衍生模板中使用，表 5-1 列出了所有可用的块。

表 5-1 base.html 模板定义的块

块名	说明
doc	整个 html 文档
html_attribs	html 标签属性
html	html 标签中的内容
head	head 标签中的内容
title	title 标签中的内容
metas	一组 meta 标签
styles	层叠样式表定义
body_attribs	body 标签的属性
body	body 标签中的内容
navbar	用户定义的导航条
content	用户定义的页面内容
scripts	文档底部的 JavaScript 声明

上表中的很多块都是 Flask-Bootstrap 自用的，如果直接重定义可能会导致一些问题。例如，Bootstrap 所需的文件在 styles 和 scripts 块中声明。如果程序需要向已经有内容的块中添加新内容，必须使用 Jinja2 提供的 super()函数。例如，要在衍生模板中添加新的 JavaScript 文件，需要这么定义 scripts 块：

```
{% block scripts %}
{{ super() }}
<script type="text/javascript" src="my-script.js"></script>
{% endblock %}
```

任务实施

Flask 中的模板可以继承，通过继承可以把模板中许多重复出现的元素抽取出来，放在父模板中，并且父模板通过定义 block 给子模板开一个口，子模板根据需要，再实现这个 block。本案例会讲解一个使用模板继承的例子。主要有三个文件：app.py、base.html、Index.html。

1. app.py（项目源代码）文件的内容

```
1.    from flask import Flask, render_template
2.    app = Flask(__name__)
3.    @app.route('/')
4.    def index():   # put application's code here
```

```
5.        return render_template("index.html")
6.
7.    if __name__ == '__main__':
8.        app.run()
```

2. 父模板（父模板文件）文件的内容

```
1.    <!DOCTYPE html>
2.    <html lang="en">
3.    <head>
4.    <title>{% block title %}{% endblock %}</title>
5.    {% block head %}{% endblock %}
6.    </head>
7.    <body>
8.    <div id="body">{% block body %}{% endblock %}</div>
9.    <div id="footer">
10.   {% block footer %}
11.   &copy; Copyright 2008 by <a href="http://domain.invalid/">you</a>
12.   {% endblock %}
13.   </div>
14.   </body>
15.   </html>
```

3. Index.html（子模板）的代码

```
1.    {% extends "base.html" %}
2.    {% block title %}首页{% endblock %}
3.    {% block head %}
4.    {{ super() }}
5.    <style type="text/css">
6.    .detail{
7.    color: red;
8.    }
9.    </style>
10.   {% endblock %}
11.   {% block content %}
12.   <h1>这里是首页</h1>
13.   <p class="detail">
14.   首页的内容
15.   </p>
16.   {% endblock %}
```

任务 5.4　Web 表单

任务描述

Form 表单是 Web 应用中最基础的一部分。为了能处理 Form 表单，Flask-WTF 扩展提供了良好的支持。本任务主要讲解使用 Flask-WTF 扩展来对表单进行处理。

任务目标

① 掌握使用 Flask-WTF 时免受跨站请求伪造（Cross-Site Request Forgery，CSRF）攻击。
② 掌握如何定义表单类的方法。
③ 掌握视图函数中的表单处理过程。

知识储备

微课 5-10
跨站请求伪造保护

1. 跨站请求伪造保护
安装 Flask-WTF：

```
pip install flask-wtf
```

Flask-WTF 提供了对所有 Form 表单免受跨站请求伪造（Cross-Site Request Forgery，CSRF）攻击的技术支持。

跨站请求伪造，也被称为 "One Click Attack" 或者 "Session Riding"，通常缩写为 CSRF 或者 XSRF，是一种对网站的恶意利用。攻击者盗用了用户的身份，以用户的名义发送恶意请求。对服务器来说这个请求是完全合法的，但是却完成了攻击者所期望的一个操作，比如以用户的名义发送邮件、消息，盗取用户的账号，添加系统管理员，甚至于购买商品、虚拟货币转账等。

启动 CSRF 保护，可以在 app.py 中添加如下的代码：

```
from flask_wtf.csrf import CSRFProtect
#开启 CSRF 保护
CSRFProtect (app)
app.config["SECRET_KEY"] = "12345678"
```

其中 SECRET_KEY 用来建立加密的令牌，用于验证 Form 表单提交，在编写应用程序时，可以尽可能设置复杂一些，这样恶意攻击者将很难猜到密钥值。

最后，需要在响应的 html 模板的 Form 表单中加上如下语句：

```
{{form.csrf_token}}
```

或者：

> {{form.hidden_tag()}}

其中的 form 是 app.py 中对应处理函数传递过来的 Form 对象名称，根据具体情况会有所变化。通过上面的配置，就启动了 CSRF 保护。

2.　表单类

通常人们会把一个表单里面的元素定义为 1 个类，下面新建 forms.py 文件，专门用于定义表单的类：

微课 5-11
什么是表单

微课 5-12
表单类

```
1.    #引入 Form 基类
2.    from flask_wtf import Form
3.    #引入 Form 元素父类
4.    from wtforms import StringField,PasswordField
5.    #引入 Form 验证父类
6.    from wtforms.validators import DataRequired,Length
7.
8.    #登录表单类,继承于 Form 类
9.    class LoginForm(Form):
10.       #用户名
11.       name=StringField('name',validators=[DataRequired(message=u"用户名不能为空")
12.             ,Length(10,20,message=u'长度位于 10~20 之间')],render_kw={'placeholder':u'输入用户名'})
13.       #密码
14.       password=PasswordField('password',validators=[DataRequired(message=u"密码不能为空")
15.             ,Length(10,20,message=u'长度位于 10~20 之间')],render_kw={'placeholder':u'输入密码'})
```

WTForms 支持的 HTML 标准字段如下：
- StringField：文本字段。
- TextAreaField：多行文本字段。
- PasswordField：密码文本字段。
- HiddenField：隐藏文本字段。
- DateField：文本字段，值为 datetime.date 格式。
- DateTimeField：文本字段，值为 datetime.datetime 格式。
- IntegerField：文本字段，值为整数。
- DecimalField：文本字段，值为 decimal.Decimal。
- FloatField：文本字段，值为浮点数。
- BooleanField：复选框，值为 True 或 False。
- RadioField：一组单选框。
- SelectField：下拉列表。

- SelectMultipleField：下拉列表，可选择多个值。
- FileField：文件上传字段。
- SubmitField：表单提交按钮。
- FormField：把表单作为字段嵌入另一个表单。
- FieldList：一组指定类型的字段。

常见的验证函数如下：

- Email：验证电子邮件地址。
- EqualTo：比较两个字段的值，常用于要求输入两次密码进行确认的情况。
- IPAddress：验证 IPv4 网络地址。
- Length：验证输入字符串的长度。
- NumberRange：验证输入的值在数字范围内。
- Optional：无输入值时跳过其他验证函数。
- Required：确保字段中有数据。
- Regexp：使用正则表达式验证输入值。
- URL：验证 URL。
- AnyOf：确保输入值在可选值列表中。
- NoneOf：确保输入值不在可选值列表中。

3. 把表单渲染成 HTML

增加如下的模板文件 index.html：

微课 5-13
HTML 介绍

```
1.    <!DOCTYPE html>
2.    <html lang="en">
3.    <head>
4.        <meta charset="UTF-8">
5.        <style>
6.            .base_login{
7.                float: none;
8.                display: block;
9.                margin-left: auto;
10.               margin-right:auto;
11.               width: 200px;
12.           }
13.       </style>
14.       <title>login</title>
15.   </head>
16.   <body>
17.   <div class="base_login">
18.       <h1>用户登录</h1>
19.       <div>
20.           <form method="POST">
21.               {{ form.csrf_token }}
22.                   <p>
```

```
23.                        用户： {{form.name(size=20,id='name')}}
24.                        {%for e in form.name.errors%}
25.                        <span style="color: red">*{{e}}</span>
26.                        {%endfor%}
27.              </p>
28.              <p>
29.                        密码： {{form.password(size=20,id='password')}}
30.
31.                        {%for e in form.password.errors%}
32.                        <span style="color: red">*{{e}}</span>
33.                        {%endfor%}
34.              </p>
35.              <p><button style="float: right" type="submit">登录</button></p>
36.         </form>
37.      </div>
38.  </div>
39.  </body>
40.  </html>
```

在 app.py 中添加如下的路由和视图函数：

```
1.   from flask import Flask,render_template
2.   from flask_wtf.csrf import CSRFProtect
3.
4.   #导入定义的 LoginForm
5.   from forms import LoginForm
6.
7.   app = Flask(__name__)
8.
9.   #开启 CSRF 保护
10.  CSRFProtect(app)
11.  app.config["SECRET_KEY"] = "12345678"
12.
13.  #定义处理函数和路由规则，接收 GET 和 POST 请求
14.  @app.route('/login/',methods=('POST','GET'))
15.  def login():
16.      form=LoginForm()
17.      return render_template('index.html',form=form)
18.  if __name__ == '__main__':
19.      app.run(debug=True)
```

在浏览器中访问 http://127.0.0.1:5000/login，显示页面见图 5-16。

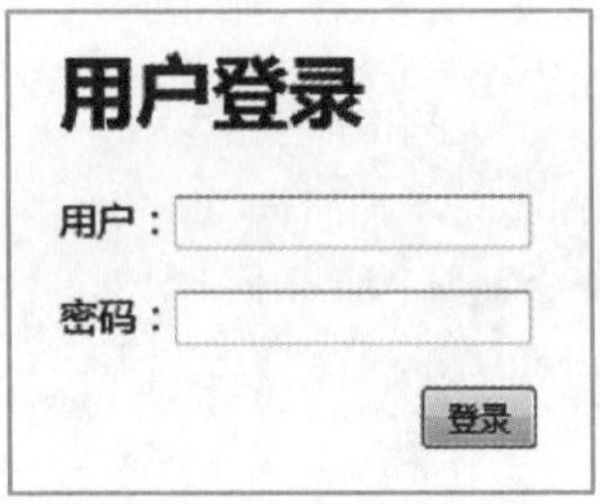

用户登录

用户：[　　　　　　]

密码：[　　　　　　]

[登录]

图 5-16 登录页面

微课 5-14
Form 表单的提交方式

任务实施

完整处理表单的 app.py 代码如下。

```
1.   from flask import Flask,render_template, redirect, url_for
2.   from flask_wtf.csrf import CSRFProtect
3.   #导入定义的 LoginForm
4.   from forms import LoginForm
5.
6.   app = Flask(__name__)
7.
8.   #开启 CSRF 保护
9.   CSRFProtect(app)
10.  app.config["SECRET_KEY"] = "12345678"
11.
12.  @app.route('/',methods=('POST','GET'))
13.  def login():
14.      form=LoginForm()
15.      #判断是否是验证提交
16.      if form.validate_on_submit():
17.          return redirect(url_for('success'))
18.      else:
19.          #渲染
20.          return render_template('index.html',form=form)
21.
22.  @app.route('/success')
23.  def success():
24.      return '<h1>Success</h1>'
25.
26.  if __name__ == '__main__':
27.      app.run(debug=True)
```

如果输入不能通过验证的值，比如 admin/123，将显示警告信息，见图 5-17。

图 5-17　登录页面——带警告信息

　　假如 validate_on_submit 返回 true，那么说明用户输入有效且已经完成，就可以拿着用户名和密码去数据库中比对了。由于数据库部分还没有实现，这里直接重定向到 success 页面。如果输入 admin 12345678/admin 12345678 将发生跳转，见图 5-18。

图 5-18　登录成功提示

任务 5.5　SQLAlchemy 数据库编程

任务描述

　　SQLAlchemy 是 Python 编程语言下的一款开源软件，首次发行于 2006 年 2 月，并迅速成为在 Python 社区中最广泛使用的 ORM（Object Relational Mappers，对象关系映射器）工具之一，不亚于 Django 的 ORM 框架。SQLAlchemy 在构建在 WSGI 规范上的 Python Web 框架中得到了广泛应用。

微课 5-15
SQLAlchemy 入门

　　在 Flask 下可以直接使用 SQLAlchemy，也可以通过一个扩展 Flask-SQLAlchemy 来简化 SQLAlchemy 的使用。本任务首先介绍 SQLAlchemy 最基本的用法，然后再来介绍扩展 Flask-SQLAlchemy 的用法。

　　安装 SQLAlchemy：

```
pip install sqlalchemy
```

任务目标

① 掌握 SQLAlchemy 的安装和数据库连接配置。
② 掌握 SQLAlchemy 的模型类定义。
③ 掌握 flask-sqlalchemy 扩展的使用。

知识储备

1. 数据库的连接方式

微课 5-16
数据库的连接方式

首先从 SQLAlchemy 中导入 create_engine，用这个函数来创建引擎，然后用 engine.connect() 来连接数据库。其中比较重要的一点是，使用 create_engine 函数的时候，需要传递一个满足某种格式的连接字符串，对这个连接字符串的格式来进行解释：

> dialect+driver://username:password@host:port/database?charset=utf8

- dialect 是数据库的实现，比如 MySQL、PostgreSQL、SQLite，并且转换成小写。
- driver 是 Python 对应的驱动，如果不指定，会选择默认的驱动，比如 MySQL 的默认驱动是 MySQLdb。
- username 是连接数据库的用户名。
- password 是连接数据库的密码。
- host 是连接数据库的域名。
- port 是数据库监听的端口号。
- database 是连接哪个数据库的名字。

下面是 SQLAlchemyTest1.py 的完整代码：

```
1.   from sqlalchemy import create_engine
2.   # 数据库的配置变量,根据自己 MySQL 的设置修改
3.   HOSTNAME = '127.0.0.1'
4.   PORT = '3306'
5.   DATABASE = 'test'
6.   USERNAME = 'root'
7.   PASSWORD = ''
8.   DB_URI = 'mysql+pymysql://{}:{}@{}:{}/{}'.format(USERNAME,PASSWORD,
HOSTNAME,PORT,DATABASE)
9.   # 创建数据库引擎
10.  engine = create_engine(DB_URI)
11.  #创建连接
12.  with engine.connect() as con:
13.      rs = con.execute('SELECT 1')
14.  print(rs.fetchone())
```

如果运行以上代码输出了"(1,)"，说明 SQLAlchemy 能成功连接到数据库。

2. 定义模型

要使用 ORM 来操作数据库，首先需要创建一个模型类来与数据库中对应的表进行映射。现在以 users 表来作为例子创建模型 User，它有自增长的 id、name、fullname、password 等字段，在 sqlAlchemyTest2.py 中定义如下的模型类：

微课 5-17
定义模型

```
1.   from sqlalchemy import Column,Integer,String
2.   from sqlalchemy import create_engine
3.   from sqlalchemy.ext.declarative import declarative_base
4.   # 数据库的配置变量,根据自己 MySQL 的设置修改
5.   HOSTNAME = '127.0.0.1'
6.   PORT = '3306'
7.   DATABASE = 'test'
8.   USERNAME = 'root'
9.   PASSWORD = ''
10.  DB_URI = 'mysql+pymysql://{}:{}@{}:{}/{}'.format(USERNAME,PASSWORD,
HOSTNAME,PORT,DATABASE)
11.
12.  engine = create_engine(DB_URI,echo=True)
13.
14.  # 所有的类都要继承自'declarative_base'这个函数生成的基类
15.  Base = declarative_base(engine)
16.
17.  #自定义的模型类
18.  class User(Base):
19.      # 定义表名为 users
20.      __tablename__ = 'users'
21.      # 将 id 设置为主键,并且默认是自增长的
22.      id = Column(Integer,primary_key=True)
23.      # name 字段,字符类型,最大的长度是 50 个字符
24.      name = Column(String(50))
25.      fullname = Column(String(50))
26.      password = Column(String(100))
27.      # 让打印出来的数据更好看,可选的
28.      def __repr__(self):
29.          return "<User(id='%s',name='%s',fullname='%s',password='%s')>"% (self.id,self.
name,self.fullname,self.password)
```

SQLAlchemy 会自动设置第一个 Integer 的主键，并且为没有被标记为外键的字段添加自增长的属性。因此以上例子中 id 会自动变成自增长的。以上创建完和表映射的类后，还没有真正地映射到数据库当中，在 sqlArchemyTest2.py 文件尾部添加如下代码：

```
if __name__ == '__main__':
    Base.metadata.create_all()
```

执行以下命令将类映射到数据库中：

```
python sqlAlchemyTest2.py
```

输出如下：

```
1.    2019-05-16 08:29:55,630 INFO sqlalchemy.engine.base.Engine SHOW VARIABLES
LIKE 'sql_mode'
2.    2019-05-16 08:29:55,630 INFO sqlalchemy.engine.base.Engine {}
3.    2019-05-16 08:29:55,632 INFO sqlalchemy.engine.base.Engine SELECT DATABASE()
4.    2019-05-16 08:29:55,632 INFO sqlalchemy.engine.base.Engine {}
5.    2019-05-16 08:29:55,633 INFO sqlalchemy.engine.base.Engine show collation where
'Charset' = 'utf8' and 'Collation' = 'utf8_bin'
6.    2019-05-16 08:29:55,633 INFO sqlalchemy.engine.base.Engine {}
7.    2019-05-16 08:29:55,635 INFO sqlalchemy.engine.base.Engine SELECT CAST('test
plain returns' AS CHAR(60)) AS anon_1
8.    2019-05-16 08:29:55,635 INFO sqlalchemy.engine.base.Engine {}
9.    2019-05-16 08:29:55,636 INFO sqlalchemy.engine.base.Engine SELECT CAST('test
unicode returns' AS CHAR(60)) AS anon_1
10.   2019-05-16 08:29:55,636 INFO sqlalchemy.engine.base.Engine {}
11.   2019-05-16 08:29:55,637 INFO sqlalchemy.engine.base.Engine SELECT CAST('test
collated returns' AS CHAR CHARACTER SET utf8) COLLATE utf8_bin AS anon_1
12.   2019-05-16 08:29:55,637 INFO sqlalchemy.engine.base.Engine {}
13.   2019-05-16 08:29:55,638 INFO sqlalchemy.engine.base.Engine DESCRIBE 'users'
14.   2019-05-16 08:29:55,638 INFO sqlalchemy.engine.base.Engine {}
15.   2019-05-16 08:29:55,724 INFO sqlalchemy.engine.base.Engine ROLLBACK
16.   2019-05-16 08:29:55,726 INFO sqlalchemy.engine.base.Engine
17.   CREATE TABLE users (
18.   id INTEGER NOT NULL AUTO_INCREMENT,
19.   name VARCHAR(50),
20.   fullname VARCHAR(50),
21.   password VARCHAR(100),
22.   PRIMARY KEY (id)
23.   )
24.
25.
26.   2019-05-16 08:29:55,726 INFO sqlalchemy.engine.base.Engine {}
27.   2019-05-16 08:29:56,359 INFO sqlalchemy.engine.base.Engine COMMIT
```

查看数据库，User 模型对应的 users 表已经创建好了，见图 5-19。

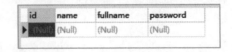

图 5-19　查看 users 表

注意：后面的模型类都要使用类似的操作自动生成数据库中对应的表。

以下为 Column 常用参数：

- default：默认值。
- nullable：是否可空。
- primary_key：是否为主键。
- unique：是否唯一。
- autoincrement：是否自动增长。
- onupdate：更新的时候执行的函数。
- name：该属性在数据库中的字段映射。

以下为 SQLAlchemy 常用数据类型：

- Integer：整型。
- Float：浮点类型。
- Boolean：布尔类型，传递 True/False 进去。
- Decimal：定点类型。
- Enum：枚举类型。
- Date：存储时间，只能存储年月日，传递 datetime.date()进去。
- DateTime：存储时间，可以存储年月日时分秒毫秒等，传递 datetime.datetime() 进去。
- Time：存储时间，可以存储时分秒，传递 datetime.time()进去。
- String：字符类型，使用时需要指定长度，区别于 Text 类型。
- Text：文本类型。
- LongText：长文本类型。

（1）关系

表之间的关系存在 3 种：一对一、一对多、多对多，SQLAlchemy 中的 ORM 可以模拟这 3 种关系。因为一对一其实在 SQLAlchemy 底层中是通过一对多的方式模拟的，所以接下来介绍一对一前会先介绍一对多的关系。

（2）外键

在 MySQL 中，通过外键可以让表之间的关系更加紧密。而 SQLAlchemy 同样也支持外键。通过 ForeignKey 类来实现，并且可以指定表的外键约束。

示例 sqlAlchemyTest3.py 代码如下：

```
1.   from sqlalchemy import Column,Integer,String,Text,ForeignKey
2.   from sqlalchemy import create_engine
3.   from sqlalchemy.ext.declarative import declarative_base
4.   # 数据库的配置变量,根据自己 MySQL 的设置修改
5.   HOSTNAME = '127.0.0.1'
6.   PORT = '3306'
7.   DATABASE = 'test'
8.   USERNAME = 'root'
9.   PASSWORD = ''
10.  DB_URI = 'mysql+pymysql://{}:{}@{}:{}/{}'.format(USERNAME,PASSWORD,
HOSTNAME,PORT,DATABASE)
11.
```

```
12.    engine = create_engine(DB_URI,echo=True)
13.
14.    # 所有的类都要继承自'declarative_base'这个函数生成的基类
15.    Base = declarative_base(engine)
16.    class Article(Base):
17.        __tablename__ = 'article'
18.        id = Column(Integer,primary_key=True,autoincrement=True)
19.        title = Column(String(50),nullable=False)
20.        content = Column(Text,nullable=False)
21.        uid = Column(Integer,ForeignKey('user.id'))
22.    def __repr__(self):
23.            return "<Article(title:%s)>" % self.title
24.    class User(Base):
25.        __tablename__ = 'user'
26.        id = Column(Integer,primary_key=True,autoincrement=True)
27.        username = Column(String(50),nullable=False)
28.
29.    if __name__ == '__main__':
30.    Base.metadata.create_all()
```

执行以下命令将类映射到数据库中：

```
python sqlAlchemyTest3.py
```

数据库中会创建 user 和 article 两个表，见图 5-20 和图 5-21。

图 5-20　user 表

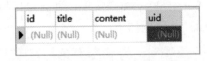

图 5-21　article 表

article 的 uid 会关联到 user 的 id。

外键约束有以下 4 项：

① RESTRICT：父表数据被删除，会阻止删除，默认就是这一项。

② NO ACTION：在 MySQL 中，同 RESTRICT。

③ CASCADE：级联删除。删除父表，子表也会被删除。

④ SET NULL：父表数据被删除，子表数据会设置为 NULL。

（3）一对多

以之前的 user 表为例，假如现在要添加一个功能，要保存用户的邮箱账号，并且邮箱账号可以有多个，这时候就必须创建一个新的表，用来存储用户的邮箱，

微课 5-18
SQLAlchemy 表关系
（一对多）

然后通过 user.id 来作为外键进行引用。示例 sqlAlchemyTest4.py 的代码如下：

```
1.    from sqlalchemy import Column,Integer,String,Text,ForeignKey
2.    from sqlalchemy import create_engine
3.    from sqlalchemy.ext.declarative import declarative_base
4.    from sqlalchemy.orm import relationship
5.
6.    # 数据库的配置变量,根据自己 MySQL 的设置修改
7.    HOSTNAME = '127.0.0.1'
8.    PORT = '3306'
9.    DATABASE = 'test'
10.   USERNAME = 'root'
11.   PASSWORD = ''
12.   DB_URI = 'mysql+pymysql://{}:{}@{}:{}/{}'.format(USERNAME,PASSWORD,
HOSTNAME,PORT,DATABASE)
13.
14.   engine = create_engine(DB_URI,echo=True)
15.
16.   # 所有的类都要继承自'declarative_base'这个函数生成的基类
17.   Base = declarative_base(engine)
18.
19.   class Address(Base):
20.       __tablename__ = 'address'
21.       id = Column(Integer,primary_key=True)
22.       email_address = Column(String(50),nullable=False)
23.       #users_add 表的外键，指定外键的时候，使用的是数据库表的名称，而不是类名
24.       user_id = Column(Integer,ForeignKey('users_add.id'))
25.       # 在 ORM 层面绑定两者之间的关系，第一个参数是绑定的表的类名，
26.       # 第二个参数 back_populates 是通过 User 反向访问时的字段名称
27.       user = relationship('User',back_populates="addresses")
28.
29.       def __repr__(self):
30.           return "<Address(email_address='%s')>" % self.email_address
31.
32.   # 重新修改 users_add 表，添加了 addresses 字段，引用了 Address 表的主键
33.   class User(Base):
34.       __tablename__ = 'users_add'
35.       id = Column(Integer,primary_key=True)
36.       name = Column(String(50))
37.       fullname = Column(String(50))
38.       password = Column(String(100))
39.       # 在 ORM 层面绑定和 Address 表的关系
40.       addresses = relationship("Address",order_by=Address.id,back_populates="user")
41.
42.   if __name__ == '__main__':
43.   Base.metadata.create_all()
```

其中，在 users_add 表中添加的 addresses 字段，可以通过 User.addresses 来访问和这个 user 相关的所有 address。在 address 表中的 user 字段，可以通过 Address.user 来访问这个 user。达到了双向绑定的效果。

执行以下命令将类映射到数据库中：

```
python sqlAlchemyTest4.py
```

表关系已经建立好以后，接下来就应该对其进行操作。新建 sqlAlchemy-Test5.py 文件，添加如下代码：

```
1.   from sqlAlchemyTest4 import *
2.   from sqlalchemy.orm import sessionmaker
3.
4.   if __name__ == '__main__':
5.       Session = sessionmaker(bind=engine)
6.       session = Session()
7.       jack = User(name='Jack',fullname='Jack Bean',password='gjffdd')
8.       jack.addresses = [Address(email_address='jack@google.com'),
9.       Address(email_address='j25@yahoo.com')]
10.      session.add(jack)
11.      session.commit()
```

SQLAlchemy 的 session 是用于管理数据库操作的一个会话对象。模型实例对象是独立存在的，想要让其修改（创建）生效，就需要把它们加入某个 session。被 session 管理的实例对象，在 session.commit() 时被提交到数据库。

在上面的代码中，首先创建了一个用户，然后对这个名叫 Jack 的用户添加两个邮箱，最后再提交到数据库当中。可以看到这里操作 Address 并没有直接进行保存，而是先添加到用户里，再保存。运行代码后的数据库表内容见图 5-22 和图 5-23。

id	name	fullname	password
1	jack	Jack Bean	gjffdd

图 5-22 创建用户 Jack

id	email_address	user_id
1	jack@google.com	1
2	j25@yahoo.com	1

图 5-23 添加两个邮箱

（4）一对一

一对一其实就是一对多的特殊情况，从以上的一对多例子中不难发现，"一" 对应的是 User 表，而 "多" 对应的是 Address，也就是说一个 User 对象有多个 Address。因此要将一对多转换成一对一，只要设置一个 User 对象对应一个 Address 对象即可，看以下示例：

```
1.    class User(Base):
2.        __tablename__ = 'users_add'
3.        id = Column(Integer,primary_key=True)
4.        name = Column(String(50))
5.        fullname = Column(String(50))
6.        password = Column(String(100))
7.        # 设置 uselist 关键字参数为 False
8.        addresses = relationship("Address",back_populates='user',uselist=False)
9.
10.   class Address(Base):
11.       __tablename__ = 'address'
12.       id = Column(Integer,primary_key=True)
13.       email_address = Column(String(50))
14.       user_id = Column(Integer,ForeignKey('users_add.id')
15.       user = relationship('User',back_populates='addresses')
```

从以上例子可以看到，只要在 User 表中的 addresses 字段上添加 uselist=
False 就可以达到一对一的效果。设置了一对一的效果后，就不能添加多个邮箱
到 user.addresses 字段了，只能添加一个。可以修改 sqlAlchemyTest4.py 文件中
代码后进行测试。

（5）多对多

多对多需要一个中间表来作为连接，同理在 SQLAlchemy 中的 ORM 也需
要一个中间表。如现在有一个 Teacher 表和一个 Classes 表，即教师和班级，一
个教师可以教多个班级，一个班级有多个教师，这就是一种典型的多对多的关
系。那么通过 SQLAlchemy 的 ORM 的实现，sqlAlchemyTest6.py 中的代码如下：

```
1.    from sqlalchemy import Column,Integer,String,Text,ForeignKey,Table
2.    from sqlalchemy import create_engine
3.    from sqlalchemy.ext.declarative import declarative_base
4.    from sqlalchemy.orm import relationship
5.
6.    # 数据库的配置变量,根据自己 MySQL 的设置修改
7.    HOSTNAME = '127.0.0.1'
8.    PORT = '3306'
9.    DATABASE = 'test'
10.   USERNAME = 'root'
11.   PASSWORD = ''
12.   DB_URI = 'mysql+pymysql://{}:{}@{}:{}/{}'.format(USERNAME,PASSWORD,
HOSTNAME,PORT,DATABASE)
13.
14.   engine = create_engine(DB_URI,echo=True)
15.
16.   # 所有的类都要继承自'declarative_base'这个函数生成的基类
17.   Base = declarative_base(engine)
```

微课 5-19
SQLAlchemy 表关系
（多对多）

```
18.    association_table = Table('teacher_classes',Base.metadata,
19.    Column('teacher_id',Integer,ForeignKey('teacher.id')),
20.    Column('classes_id',Integer,ForeignKey('classes.id')) )
21.    class Teacher(Base):
22.        __tablename__ = 'teacher'
23.        id = Column(Integer,primary_key=True)
24.        tno = Column(String(10))
25.        name = Column(String(50))
26.        age = Column(Integer)
27.        classes = relationship('Classes',secondary=association_table,back_populates='teachers')
28.
29.    class Classes(Base):
30.        __tablename__ = 'classes'
31.        id = Column(Integer,primary_key=True)
32.        cno = Column(String(10))
33.        name = Column(String(50))
34.        teachers = relationship('Teacher',secondary=association_table,back_populates='classes')
35.
36.        if __name__ == '__main__':
37.            Base.metadata.create_all()
```

要创建一个多对多的关系表，首先需要一个中间表，可以通过 Table 来创建。上例中第一个参数 teacher_classes 代表的是中间表的表名，第二个参数是 Base 的元类，第三个和第四个参数就是要连接的两个表。其中 Column 第一个参数表示的是连接表的外键名，第二个参数表示这个外键的类型，第三个参数表示要外键的表名和字段。

创建完中间表以后，还需要在两个表中进行绑定，比如在 Teacher 中有一个 classes 属性，来绑定 Classes 表，并且通过 secondary 参数来连接中间表。同理，Classes 表绑定 Teacher 表也是类似操作。

定义完类之后就是添加数据，新建 sqlAlchemyTest7.py 文件，代码如下：

```
1.    from sqlAlchemyTest6 import *
2.    from sqlalchemy.orm import sessionmaker
3.
4.    if __name__ == '__main__':
5.        Session = sessionmaker(bind=engine)
6.        session = Session()
7.        teacher1 = Teacher(tno='t1111',name='xiaotuo',age=10)
8.        teacher2 = Teacher(tno='t2222',name='datuo',age=10)
9.        classes1 = Classes(cno='c1111',name='english')
10.       classes2 = Classes(cno='c2222',name='math')
11.       teacher1.classes = [classes1,classes2]
12.       teacher2.classes = [classes1,classes2]
13.       classes1.teachers = [teacher1,teacher2]
14.       classes2.teachers = [teacher1,teacher2]
```

```
15.        session.add(teacher1)
16.        session.add(teacher2)
17.        session.add(classes1)
18.        session.add(classes2)
19.        session.commit()
```

运行代码后，数据库表内容见图 5-24～图 5-26。

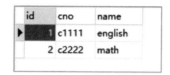

图 5-24　课程表

图 5-25　教师表

图 5-26　教师与课程关系表

3. Flask-SQLAlchemy 扩展

Flask-SQLAlchemy 是对 SQLAlchemy 进行了一个简单的封装，使得在 Flask 中使用 SQLAlchemy 更加的简单。通过以下方式安装：

```
pip install flask-sqlalchemy
```

微课 5-20
Flask-SQLAlchemy
扩展

使用 Flask-SQLAlchemy 的流程如下。

① 数据库初始化。数据库初始化不再是通过 create_engine，请看以下示例：

```
1.    from flask import Flask
2.    from flask_sqlalchemy import SQLAlchemy
3.    # 数据库的配置变量,根据自己 MySQL 的设置修改
4.    HOSTNAME = '127.0.0.1'
5.    PORT = '3306'
6.    DATABASE = 'test'
7.    USERNAME = 'root'
8.    PASSWORD = ''
9.    DB_URI = 'mysql+pymysql://{}:{}@{}:{}/{}'.format(USERNAME,PASSWORD,
HOSTNAME,PORT,DATABASE)
```

```
10.   app = Flask(__name__)
11.   app.config['SQLALCHEMY_DATABASE_URI'] = DB_URI
12.   db = SQLAlchemy(app)
```

② ORM 类。之前都是通过 Base = declarative_base()来初始化一个基类，然后再继承，在 Flask-SQLAlchemy 中更加简单了（代码依赖以上示例）：

```
1.   class User8(db.Model):
2.       id = db.Column(db.Integer,primary_key=True)
3.       username = db.Column(db.String(80),unique=True)
4.       email = db.Column(db.String(120),unique=True)
5.       def __init__(self,username,email):
6.           self.username = username
7.           self.email = email
8.       def __repr__(self):
9.       return '<User %s>' % self.username
```

③ 映射模型到数据库表。使用 Flask-SQLAlchemy 所有的类都是继承自 db.Model，并且所有的 Column 和数据类型也都成为 db 的一个属性。但是有个好处是不用写表名了，Flask-SQLAlchemy 会自动将类名小写，然后映射成表名。

写完类模型后，要将模型映射到数据库的表中，使用以下代码创建所有的表：

```
db.create_all()
```

任务实施

整个示例 sqlAlchemyTest8.py 完整的代码如下：

```
1.   from flask import Flask
2.   from flask_sqlalchemy import SQLAlchemy
3.
4.   # 数据库的配置变量,根据自己 MySQL 的设置修改
5.   HOSTNAME = '127.0.0.1'
6.   PORT = '3306'
7.   DATABASE = 'test'
8.   USERNAME = 'root'
9.   PASSWORD = ''
10.  DB_URI = 'mysql+pymysql://{}:{}@{}:{}/{}'.format(USERNAME,PASSWORD,HOSTNAME,PORT,DATABASE)
11.
12.  app = Flask(__name__)
```

```
13.    app.config['SQLALCHEMY_DATABASE_URI'] = DB_URI
14.    db = SQLAlchemy(app)
15.
16.    class User8(db.Model):
17.        id = db.Column(db.Integer,primary_key=True)
18.        username = db.Column(db.String(80),unique=True)
19.        email = db.Column(db.String(120),unique=True)
20.        def __init__(self,username,email):
21.            self.username = username
22.            self.email = email
23.        def __repr__(self):
24.            return '<User %s>' % self.username
25.    if __name__ == '__main__':
26.        db.create_all()
```

直接执行以上代码就会将模型映射到数据库，创建对应的表。

① 添加数据。这时候就可以在数据库中看到已经生成了一个 user 表了，
接下来添加数据到表中：

```
admin = User8('admin','admin@example.com')
guest = User8('guest','guest@example.com')
db.session.add(admin)
db.session.add(guest)
db.session.commit()
```

添加数据和之前的没有区别，只是 session 成了一个 db 的属性。

② 查询数据。查询数据不再是之前的 session.query 了，而是将 query 属性
放在了 db.Model 上，所以查询就是通过 Model.query 的方式进行：

```
users = User8.query.all()
# 再如：
admin = User8.query.filter_by(username='admin').first()
```

③ 删除数据：删除数据跟添加数据类似，只不过 session 是 db 的一个属性
而已：

```
db.session.delete(admin)
db.session.commit()
```

操作数据的完整代码 sqlAlchemyTest9.py 如下：

```
1.    from sqlAlchemyTest8 import db,User8
2.    if __name__ == '__main__':
3.        admin = User8('admin','admin@example.com')
4.        guest = User8('guest','guest@example.com')
```

```
5.    db.session.add(admin)
6.    db.session.add(guest)
7.    db.session.commit()
8.
9.    users = User8.query.all()
10.   print(users)
11.   # 再如：
12.   admin = User8.query.filter_by(username='admin').first()
13.   print(admin)
14.
15.   db.session.delete(admin)
16.   db.session.commit()
```

任务 5.6　大型程序的结构

任务描述

　　尽管在单一脚本中编写小型的 Flask Web 程序很方便，但这种方法并不能广泛使用。程序变复杂后，使用单个大型源码文件会导致很多问题。不同于大多数其他 Web 框架，Flask 并不强制要求大型项目使用特定的组织方式，程序结构的组织方式完全由开发者决定。本任务将会介绍一种使用包和模块组织 Flask 大型程序的方式。

任务目标

　　① 掌握如何创建和使用虚拟环境。
　　② 掌握使用包和模块来组织 Flask 项目的方式。
　　③ 掌握启动脚本的使用方式。
　　④ 掌握项目中需求文件的使用。

知识储备

1. 虚拟环境

　　Virtualenv 用于在一台机器上创建多个独立的 Python 运行环境，在这些环境里面可以选择不同的 Python 版本或者不同的类库，并且可以在没有管理员权限的情况下安装新套件，互相不会产生任何的影响。

　　① Virtualenv 的安装：

```
pip install virtualenv
```

微课 5-21
搭建虚拟环境

　　② 使用 virtualenv 默认 Python 版本创建虚拟环境：

```
virtualenv --no-site-packages venv
```

可以在当前目录创建一个 venv 目录（虚拟环境名称，这个文件夹就是保存 Python 虚拟环境），可以注意到，virtualenv 会把 Python、setuptools 和 pip 给安装上。

③ 进入虚拟环境并激活（ubuntu 系统中使用）：

```
source venv/bin/activate
```

④ 退出虚拟环境：

```
deactivate
```

直接在该环境中使用 deactivate 命令即可退出。

⑤ 删除虚拟环境：

```
rm -r venv
```

直接删除虚拟环境所在的文件夹 venv，就删除了创建的 venv 虚拟环境。

微课 5-22
项目结构

2. 项目结构

这种结构有 4 个顶级文件夹。

① Flask 程序一般都保存在名为 app 的包中。

② migrations 文件夹包含数据库迁移脚本。

③ 单元测试编写在 tests 包中。

④ venv 文件夹包含 Python 虚拟环境。

同时还创建了一些新文件。

① requirements.txt 列出了所有依赖包，便于在其他计算机中重新生成相同的虚拟环境。

② config.py 用于存储配置。

③ manage.py 用于启动程序以及其他的程序任务。

项目结构见图 5-27。

图 5-27 项目结构

3. 配置选项

程序经常需要设定多个配置，如开发、测试和生产环境要使用不同的数据库，这样才不会彼此影响。人们不再使用以前简单的字典状结构配置，而使用层次结构的配置类。config.py 文件的内容如下所示：

微课 5-23
配置选项

```python
1.    import os
2.    basedir = os.path.abspath(os.path.dirname(__file__))
3.
4.    class Config:
5.        SECRET_KEY = os.environ.get('SECRET_KEY') or 'hard to guess string'
6.        SQLALCHEMY_COMMIT_ON_TEARDOWN = True
7.        FLASKY_MAIL_SUBJECT_PREFIX = '[Flasky]'
8.        FLASKY_MAIL_SENDER = 'Flasky Admin <flasky@example.com>'
9.        FLASKY_ADMIN = os.environ.get('FLASKY_ADMIN')
10.
11.       @staticmethod
12.       def init_app(app):
13.           pass
14.
15.   class DevelopmentConfig(Config):
16.       DEBUG = True
17.       MAIL_SERVER = 'smtp.googlemail.com'
18.       MAIL_PORT = 587
19.       MAIL_USE_TLS = True
20.       MAIL_USERNAME = os.environ.get('MAIL_USERNAME')
21.       MAIL_PASSWORD = os.environ.get('MAIL_PASSWORD')
22.       SQLALCHEMY_DATABASE_URI = 'mysql+pymysql://root:@127.0.0.1:3306/db_
visualization_system'
23.   class TestingConfig(Config):
24.       TESTING = True
25.       SQLALCHEMY_DATABASE_URI = 'mysql+pymysql://root:@127.0.0.1:3306/db_vs'
26.
27.   config = {
28.       'development': DevelopmentConfig,
29.       'testing': TestingConfig,
30.       'default': DevelopmentConfig
31.   }
```

基类 Config 中包含通用配置，子类分别定义专用的配置。如果需要，还可添加其他配置类。

为了让配置方式更灵活且更安全，某些配置可以从环境变量中导入。如 SECRET_KEY 的值是敏感信息，可以在环境中设定，但系统也提供了一个默认值，以防环境中没有定义。在 3 个子类中，SQLALCHEMY_DATABASE_URI 变量都被指定了不同的值。这样程序就可在不同的配置环境中运行，每个环境都使用不同的数据库。

配置类可以定义 init_app() 类方法，其参数是程序实例。在这个方法中，可以执行对当前环境的配置初始化。现在，基类 Config 中的 init_app()方法为空。在这个配置脚本末尾，config 字典中注册了不同的配置环境，而且还注册了一个默认配置，即本例的开发环境。

4. 程序包

程序包用来保存程序的所有代码、模板和静态文件，可以把这个包直接称为 App（应用），如果有需求，也可使用一个程序专用名字。templates 和 static 文件夹是程序包的一部分，因此这两个文件夹被移到了 App 中。数据库模型和电子邮件支持函数也被移到了这个包中，分别保存为 app/models.py 和 app/email.py。

微课 5-24
程序包与启动脚本

5. 启动脚本

顶级文件夹中的 manage.py 文件是用于启动程序的。Flask_Script 扩展提供向 Flask 插入外部脚本的功能，包括运行一个开发用的服务器、一个定制的 Python shell、设置数据库的脚本、设置 cron jobs 及其他运行在 Web 应用之外的命令行任务，使得脚本和系统分开。Flask_Script 和 Flask 本身的工作方式类似，只需定义和添加从命令行中被 Manager 实例调用的命令。

Manager 类追踪所有在命令行中调用的命令和处理过程的调用运行情况。Manager 只有一个参数——可以是 Flask 实例，也可以是一个函数或其他的返回 Flask 实例。调用 manager.run()启动 Manager 实例接收命令行中的命令。

Flask-Migrate 是用于处理 SQLAlchemy 数据库迁移的扩展工具。当 Model 出现变更的时候，通过 Migrate 去管理数据库变更。

Migrate 主要有 3 个命令：init、migrate 和 upgrade。

（1）init 命令

```
db init
```

这个命令会在当前目录下生成一个 migrations 文件夹。这个文件夹也需要和其他源文件一起，添加到版本控制中。

（2）migrate 命令

```
db migrate
```

此命令会在 migrations 下生成一个 version 文件夹，下面包含了对应版本的数据库操作 py 脚本。

（3）upgrade 命令

```
db upgrade
```

此命令相当于执行了 version 文件夹下的相应 py 版本，对数据库进行变更操作。

示例 manage.py：启动脚本

```
1.    import os
2.    from app import create_app, db
3.    from app.models import User, Role
4.    from flask_script import Manager, Shell
5.    from flask_migrate import Migrate, MigrateCommand
6.
7.    app = create_app(os.getenv('FLASK_CONFIG') or 'default')
8.    manager = Manager(app)
9.    migrate = Migrate(app, db)
10.
11.   def make_shell_context():
12.       return dict(app=app, db=db, User=User, Role=Role)
13.   manager.add_command("shell", Shell(make_context=make_shell_context))
14.   manager.add_command('db', MigrateCommand)
15.
16.   if __name__ == '__main__':
17.       manager.run()
```

这个脚本先创建程序。如果已经定义了环境变量 FLASK_CONFIG，则从中读取配置名；否则使用默认配置。然后初始化 Flask-Script、Flask-Migrate，为 Python shell 定义上下文。

6. 需求文件

微课 5-25
需求文件与数据库

程序中必须包含一个 requirements.txt 文件，用于记录所有依赖包及其精确的版本号。如果要在另一台电脑上重新生成虚拟环境，这个文件的重要性就体现出来了。pip 可以使用如下命令自动生成这个文件：

```
(venv) $ pip freeze >requirements.txt
```

安装或升级包后，最好更新这个文件。需求文件的内容示例如下：

```
1.    Flask==0.10.1
2.    Flask-Bootstrap==3.0.3.1
3.    Flask-Mail==0.9.0
4.    Flask-Migrate==1.1.0
5.    Flask-Moment==0.2.0
6.    Flask-SQLAlchemy==1.0
7.    Flask-Script==0.6.6
8.    Flask-WTF==0.9.4
9.    Jinja2==2.7.1
10.   Mako==0.9.1
11.   MarkupSafe==0.18
12.   SQLAlchemy==0.8.4
13.   WTForms==1.0.5
14.   Werkzeug==0.9.4
```

15. alembic===0.6.2
16. blinker===1.3
17. itsdangerous===0.23

如果要创建这个虚拟环境的完全副本，可以创建一个新的虚拟环境，并在其上运行以下命令：

```
(venv) $ pip install -r requirements.txt
```

7. 数据库

大型程序和单脚本版本使用不同的数据库。首选从环境变量中读取数据库连接 URL，两种配置环境中的环境变量名和数据库名都不一样。例如，在开发环境中，数据库连接 URL 从环境变量 DEV_DATABASE_URL 读取，如果没有定义这个环境变量，则使用名为 data-dev.sqlite 的 SQLite 数据库。

不管从哪里获取数据库连接 URL，都要在新数据库中创建数据表。如果使用 Flask-Migrate 跟踪迁移，可使用如下命令创建新数据表或者升级到最新修订版本：

```
(venv)$ python manage.py db upgrade
```

任务实施

首先，建立项目目录结构，如图 5-28 所示。

```
| -flasky
| -app/
    | -templates/
    | -static/
    | -main/
        | -__init__.py
        | -errors.py
        | -forms.py
        | -views.py
    | -__init__.py
    | -email.py
    | -models.py
| -migrations.py
| -tests/
    | -__init__.py
    | -test.py
| -venv
| -requirements.txt
| -config.py
| -manage.py
```

图 5-28 项目结构

目录结构中有 4 个顶级文件夹：
- Flask 程序一般都保存在名为 app 的包中。
- migrations 文件夹包含数据库迁移脚本。
- 单元测试编写在 tests 包中。

- venv 文件夹包含 Python 虚拟环境。

同时还创建了一些新文件：

- requirements.txt 列出了所有依赖包，便于在其他电脑中重新生成相同的虚拟环境。
- config.py 用于存储配置。
- manage.py 用于启动程序以及其他的程序任务。

然后使用 virtualenv 命令创建虚拟环境：

```
1.    virtualenv --no-site-packages venv
```

运行以上命令后就可以在当前目录创建一个 venv 目录。
进入虚拟环境并激活：

```
1.    source venv/bin/activate
```

在需求文件 requirements.txt 中添加如下内容：

```
1.    Flask==0.10.1
2.    Flask-Bootstrap==3.0.3.1
3.    Flask-Mail==0.9.0
4.    Flask-Migrate==1.1.0
5.    Flask-Moment==0.2.0
6.    Flask-SQLAlchemy==1.0
7.    Flask-Script==0.6.6
8.    Flask-WTF==0.9.4
9.    Jinja2==2.7.1
10.   Mako==0.9.1
11.   MarkupSafe==0.18
12.   SQLAlchemy==0.8.4
13.   WTForms==1.0.5
14.   Werkzeug==0.9.4
15.   alembic==0.6.2
16.   blinker==1.3
17.   itsdangerous==0.23
```

并运行以下命令，安装项目依赖包：

```
1.    (venv) $ pip install -r requirements.txt
```

接下来在 config.py 文件中编写如下的代码确定配置开发、测试环境：

```
1.    import os
2.    basedir = os.path.abspath(os.path.dirname(__file__))
3.
```

```
4.    class Config:
5.        SECRET_KEY = os.environ.get('SECRET_KEY') or 'hard to guess string'
6.        SQLALCHEMY_COMMIT_ON_TEARDOWN = True
7.        FLASKY_MAIL_SUBJECT_PREFIX = '[Flasky]'
8.        FLASKY_MAIL_SENDER = 'Flasky Admin <flasky@example.com>'
9.        FLASKY_ADMIN = os.environ.get('FLASKY_ADMIN')
10.
11.        @staticmethod
12.        def init_app(app):
13.            pass
14.
15.    class DevelopmentConfig(Config):
16.        DEBUG = True
17.        MAIL_SERVER = 'smtp.googlemail.com'
18.        MAIL_PORT = 587
19.        MAIL_USE_TLS = True
20.        MAIL_USERNAME = os.environ.get('MAIL_USERNAME')
21.        MAIL_PASSWORD = os.environ.get('MAIL_PASSWORD')
22.        SQLALCHEMY_DATABASE_URI = 'mysql+pymysql://root:@127.0.0.1:3306/
db_visualization_system'
23.    class TestingConfig(Config):
24.        TESTING = True
25.        SQLALCHEMY_DATABASE_URI='mysql+pymysql://root:@127.0.0.1:3306/db_vs'
26.
27.    config = {
28.        'development': DevelopmentConfig,
29.        'testing': TestingConfig,
30.        'default': DevelopmentConfig
31.    }
```

在 manage.py 文件中编写启动脚本：

```
1.    import os
2.    from app import create_app, db
3.    from app.models import User, Role
4.    from flask_script import Manager, Shell
5.    from flask_migrate import Migrate, MigrateCommand
6.
7.    app = create_app(os.getenv('FLASK_CONFIG') or 'default')
8.    manager = Manager(app)
9.    migrate = Migrate(app, db)
10.
11.    def make_shell_context():
12.        return dict(app=app, db=db, User=User, Role=Role)
13.    manager.add_command("shell", Shell(make_context=make_shell_context))
```

```
14.    manager.add_command('db', MigrateCommand)
15.
16.    if __name__ == '__main__':
17.        manager.run()
```

这样一个 Flask 大型程序开发环境就搭建好了，接下来就可以进行实际的开发工作了。

项目小结

1. Flask 的功能与环境配置。
2. Flask 中的路由设置和视图函数定义。
3. Flask 中的模板语法和模板继承。
4. Flask 中的表单验证与数据处理。
5. Flask 中使用 SQLAlchemy 与数据库交互。
6. Flask 中编写大型应用程序的项目设置。

课后练习

一、选择题

1. 关于模板继承，以下说法错误的是？（   ）
   A. 子模板可以使用{% extends %}来继承父模板
   B. 父模板可以通过定义 block 来让子模板实现
   C. 子模板在实现某个 block 的时候，可以通过{{super()}}来继承父模板对应 block 的代码
   D. 父模板只能被一个子模板继承

2. 以下关于 URL 与视图的说法错误的是？（   ）
   A. 可以使用@app.route 装饰器来绑定 URL 与视图
   B. 在 URL 中定义的参数，在视图函数中也必须定义一个形参
   C. 视图函数只能返回字符串
   D. 一个 URL 只能与一个视图绑定

3. 以下关于静态文件加载说法错误的是？（   ）
   A. Flask 默认会在 templates 下寻找静态文件
   B. CSS 文件是静态文件
   C. JS 文件是静态文件
   D. 图片文件是静态文件

4. 关于 Flask-SQLAlchemy 插件说法错误的是？（   ）
   A. Flask-SQLAlchemy 是基于 SQLAlchemy 封装，为了更适合 Flask 使用的插件

B. Flask-SQLAlchemy 定义的 ORM 模型可以映射到数据库中生成对应的表

C. Flask-SQLAlchemy 只能连接 MySQL 数据库

D. 使用 Flask-SQLAlchemy 必须要先配置好 SQLALCHEMY_DATABASE_URI

5. 以下关于模板说法错误的是?（　　　）

A. 模板查找路径，默认是在项目根目录下的 templates 文件夹下

B. Flask 模板默认用的是 Jinja2 引擎

C. 模板渲染是通过 render_template 来实现的

D. 模板路径必须为根目录下的 templates 文件夹，不能修改路径

二、简答题

1. Django 和 Flask 有什么区别？为什么要选择 Flask？

2. Flask 框架中的模板引擎是什么意思？

项目 6

Vue 前端开发框架

　　当提到前端框架，人们首先想到的就是三大框架 Vue、React、Angular。这三个框架都非常优秀，人们的选择都基于以下逻辑：希望工具足够简单，而它可以解决的问题却要足够复杂。Vue 关注视图层，采用自底向上增量开发的设计，通过尽可能简单的 API 实现响应的数据绑定和组合的视图组件。不仅易于上手，还便于与第三方库或既有项目整合。另一方面，当与现代化的工具链以及各种支持类库结合使用时，Vue 也能够为复杂的单页应用提供驱动。本项目主要介绍 Vue 的使用。

学习目标

【知识目标】

（1）了解 Vue 的功能与环境配置框。

（2）掌握 Vue 中的模板语法与常用指令使用方法。

（3）掌握 Vue 中组件的使用。

（4）掌握 Vue 中路由的使用。

（5）掌握在 Vue 中调用 Axios 插件来实现异步通信。

【能力目标】

（1）能够独立配置 Vue 使用环境。

（2）能够独立使用 Vue 中的模板语法与常用指令。

（3）能够独立使用 Vue 中的组件来组合页面。

（4）能够独立使用 Vue 中的路由。

（5）能够独立在 Vue 中调用 Axios 插件。

任务 6.1　Vue 介绍与环境配置

任务描述

Vue（发音类似 view）是一款用于构建用户界面的 JavaScript 框架。它基于标准 HTML、CSS 和 JavaScript 构建，并提供了一套声明式的、组件化的编程模型，可用于高效地开发用户界面。无论是开发简单还是复杂的界面，Vue 都可以胜任。本任务主要介绍使用 Vue 的环境配置。

任务目标

① 了解 Vue 的特点与功能。
② 掌握 Vue 的环境配置。

知识储备

1. Vue 版本选择

Vue 的版本主要有 Vue 2 和 Vue 3，最新的版本是 Vue 3，可以根据项目的实际情况选择 Vue 的版本。建议选择 Vue 3。

2. Vue 环境配置

（1）通过 CDN 使用 Vue

可以借助 script 标签直接通过 CDN 来使用 Vue：

```
1.    <script src="https://unpkg.com/vue@3/dist/vue.global.js"></script>
```

这里使用了 unpkg，但也可以使用任何提供 npm 包服务的 CDN，例如 jsdelivr 或 cdnjs。当然，也可以下载此文件并自行提供服务。

通过 CDN 使用 Vue 时，不涉及"构建步骤"。这使得设置更加简单，并且可以用于增强静态的 HTML 或与后端框架集成。但是，将无法使用单文件组件（SFC）语法。

（2）通过 Node 使用 Vue

确保安装了 16.0 或更高版本的 Node.js，然后在命令行中运行以下命令：

```
1.    npm install vue@latest
```

这一命令将会安装并执行 create-vue，它是 Vue 官方的项目脚手架工具。执行下面的命令创建一个 Vue 项目：

```
1.    vue create <appname>
```

可以看到一些诸如 TypeScript 和测试支持之类的可选功能提示。如果不确定是否要开启某个功能，可以直接按下 Enter 键选择 No。

在项目被创建后，通过以下步骤安装依赖并启动开发服务器：

```
1.    > cd <your-project-name>
2.    > npm run serve
```

现在应该已经运行起了第一个 Vue 项目。

当准备将应用发布到生产环境时，请运行：

```
1.    > npm run build
```

此命令会在./dist 文件夹中为应用创建一个生产环境的构建版本。

为了简化 Vue 操作，本书以 CDN 的方式使用 Vue，在实际开发中，建议使用 Node 方式。

3. Vue 实例创建

每个 Vue 应用都是通过 createApp 函数创建一个新的应用实例，应用实例必须在调用了 .mount() 方法后才会渲染出来。该方法接收一个"容器"参数，可以是一个实际的 DOM 元素或是一个 CSS 选择器字符串。

```
1.    <div id="app"></div>
2.    app.mount('#app')
```

应用根组件的内容将会被渲染在容器元素里面。容器元素自己将不会被视为应用的一部分。

.mount() 方法应该始终在整个应用配置和资源注册完成后被调用。同时请注意，不同于其他资源注册方法，它的返回值是根组件实例而非应用实例。

任务实施

使用 Vue 有 3 个步骤：

① 在页面中引入 Vue。

```
1.    <script src="https://unpkg.com/vue@3/dist/vue.global.js"></script>
```

② 在页面中创建一个 div 用于 Vue 的使用。

```
1.    <div id="app" >
2.      {{ message }}
3.    </div>
```

③ 在脚本中创建 Vue 对象实例并挂载到第 2 步创建的 div 上。

```
1.    <script>
2.    const HelloVueApp = {
3.      data() {
4.        return {
```

```
5.        message: 'Hello Vue!!'
6.      }
7.    }
8.  }
9.  Vue.createApp(HelloVueApp).mount('#app')
10. </script>
```

下面例子会使用 Vue 显示"Hello Vue!"在页面中。

```
1.  <!DOCTYPE html>
2.  <html>
3.  <head>
4.  <meta charset="utf-8">
5.  <title>第一个 Vue</title>
6.  <script src="https://unpkg.com/vue@3/dist/vue.global.js"></script>
7.  </head>
8.  <body>
9.  <div id="app" >
10.   {{ message }}
11. </div>
12.
13. <script>
14. const HelloVueApp = {
15.   data() {
16.     return {
17.       message: 'Hello Vue!!'
18.     }
19.   }
20. }
21.
22. Vue.createApp(HelloVueApp).mount('#app')
23. </script>
24. </body>
25. </html>
```

任务 6.2 Vue 基本语法

任务描述

Vue 实例在创建时可以包含属性与方法,还可以包含计算属性。Vue 实例与模板之间通过模板插值和一些常用指令进行数据交互,Vue 还可以方便地处理页面中的事件。本任务主要讲解 Vue 中的基本语法。

任务目标

① 掌握 Vue 实例中属性与方法的使用。
② 掌握 Vue 模板语法和常用的指令。
③ 掌握 Vue 中计算属性的使用。
④ 掌握 Vue 中事件的处理。

知识储备

1. Vue 实例中的属性与方法

在 Vue 实例中，data 选项来声明组件的响应式状态，此选项的值应为返回一个对象的函数。Vue 将在创建新实例的时候调用此函数，并将函数返回的对象用响应式系统进行包装。此对象的所有顶层属性都会被代理到组件实例（即方法和生命周期钩子中的 this）上。

```
1.    const HelloVueApp = {
2.      data() {
3.        return {
4.          message: 'Hello Vue!!'
5.        }
6.      }
7.    }
```

这些实例上的属性仅在实例首次创建时被添加，因此需要确保它们都出现在 data 函数返回的对象上。若所需的值还未准备好，在必要时也可以使用 null、undefined 或者其他一些值占位。虽然也可以不在 data 上定义，直接向实例添加新属性，但这个属性将无法触发响应式更新。要为实例添加方法，需要用到 methods 选项，它应该是一个包含所有方法的对象。

```
1.    {
2.      data() {
3.        return {
4.          count: 0
5.        }
6.      },
7.      methods: {
8.        increment() {
9.          this.count++
10.       }
11.     },
12.     mounted() {
13.       // 在其他方法或是生命周期中也可以调用方法
14.       this.increment()
15.     }
16.   }
```

Vue 自动为 methods 中的方法绑定了永远指向组件实例的 this。这确保了方法在作为事件监听器或回调函数时始终保持正确的 this。不应该在定义 methods 时使用箭头函数，因为箭头函数没有自己的 this 上下文。和组件实例上的其他属性一样，方法也可以在模板上被访问。在模板中它们常常被用作事件监听器。

```
1.    <button @click="increment">{{ count }}</button>
```

在上面的例子中，increment 方法会在 <button> 被单击时调用。

2. 模板语法

Vue 使用一种基于 HTML 的模板语法，能够声明式地将其组件实例的数据绑定到呈现的 DOM 上。所有的 Vue 模板都是语法层面合法的 HTML，可以被符合规范的浏览器和 HTML 解析器解析。

在底层机制中，Vue 会将模板编译成高度优化的 JavaScript 代码。结合响应式系统，当应用状态变更时，Vue 能够智能地推导出需要重新渲染的组件的最少数量，并应用最少的 DOM 操作。

数据绑定最常见的形式就是使用 {{...}}（双大括号）的文本插值：

```
1.    <span>Message: {{ msg }}</span>
```

双大括号标签会被替换为相应组件实例中 msg 属性的值。同时每次 msg 属性更改时它也会同步更新。双大括号会将数据解释为纯文本，而不是 HTML。若想插入 HTML，需要使用 v-html 指令：

```
1.    <div id="example1" class="demo">
2.        <p>使用双大括号的文本插值: {{ rawHtml }}</p>
3.        <p>使用 v-html 指令: <span v-html="rawHtml"></span></p>
4.    </div>
```

这里看到的 v-html 被称为一个指令。指令由 v- 作为前缀，表明它们是一些由 Vue 提供的特殊 attribute（属性），它们将为渲染的 DOM 应用特殊的响应式行为。简单来说，操作就是在当前组件实例上，将此元素的 innerHTML 与 rawHtml 属性保持同步。

span 的内容将会被替换为 rawHtml 属性的值，插值为纯 HTML（数据绑定将会被忽略）。注意，不能使用 v-html 来拼接组合模板，因为 Vue 不是一个基于字符串的模板引擎。在使用 Vue 时，应当使用组件作为 UI 重用和组合的基本单元。

双大括号不能在 HTML attributes 中使用。想要响应式地绑定一个 attribute，应该使用 v-bind 指令：

```
1.    <div v-bind:id="dynamicId"></div>
```

V-bind 可以缩写为：

```
1.    <div :id="dynamicId"></div>
```

v-bind 指令指示 Vue 将元素的 id attribute 与组件的 dynamicId 属性保持一致。如果绑定的值是 null 或者 undefined，那么该 attribute 将会从渲染的元素上移除。

至此，我们仅在模板中绑定了一些简单的属性名。但是 Vue 实际上在所有的数据绑定中都支持完整的 JavaScript 表达式：

```
1.    <div id="app">
2.        {{5+5}}<br>
3.        {{ ok ? 'YES' : 'NO' }}<br>
4.        {{ message.split(").reverse().join(") }}
5.        <div v-bind:id="'list-' + id">Vue 教程</div>
6.    </div>
```

条件判断使用 v-if 指令，指令的表达式返回 true 时才会显示：

```
1.    <div id="app">
2.        <p v-if="seen">现在你看到我了</p>
3.    </div>
```

这里，v-if 指令将根据表达式 seen 的值（true 或 false）来决定是否插入 p 元素。

因为 v-if 是一个指令，所以必须将它添加到一个元素上。如果是多个元素，可以包裹在 <template> 元素上，并在上面使用 v-if。最终的渲染结果将不包含 <template> 元素。

```
1.    <div id="app">
2.        <template v-if="seen">
3.            <h1>网站</h1>
4.            <p>Baidu</p>
5.            <p>Sina</p>
6.            <p>Taobao</p>
7.        </template>
8.    </div>
```

可以用 v-else 指令给 v-if 添加一个 "else" 块：

```
1.    <div id="app">
2.        <div v-if="Math.random() > 0.5">
3.            随机数大于 0.5
4.        </div>
```

```
5.        <div v-else>
6.            随机数小于等于 0.5
7.        </div>
8.    </div>
```

循环使用 v-for 指令。v-for 指令需要以 site in sites 形式的特殊语法，sites 是源数据数组并且 site 是数组元素迭代的别名。

```
1.    <div id="app">
2.      <ol>
3.        <li v-for="site in sites">
4.            {{ site.text }}
5.        </li>
6.      </ol>
7.    </div>
```

v-for 可以绑定数据到数组来渲染一个列表。

在 input 输入框中可以使用 v-model 指令来实现双向数据绑定：

```
1.    <div id="app">
2.        <p>{{ message }}</p>
3.        <input v-model="message">
4.    </div>
```

v-model 指令用来在 input、select、textarea、checkbox、radio 等表单控件元素上创建双向数据绑定，根据表单上的值，自动更新绑定的元素的值。

3. 计算属性

模板中的表达式虽然方便，但也只能用来做简单的操作。如果在模板中写太多逻辑，会让模板变得臃肿，难以维护。

```
1.    <div id="app">
2.        {{ message.split(").reverse().join(") }}
3.    </div>
```

推荐使用计算属性来描述依赖响应式状态的复杂逻辑。

```
1.    <!DOCTYPE html>
2.    <html>
3.    <head>
4.    <meta charset="utf-8">
5.    <title>Vue 测试实例-计算属性</title>
6.    <script src="https://cdn.staticfile.org/vue/3.0.5/vue.global.js"></script>
7.    </head>
```

```
8.    <body>
9.    <div id="app">
10.     <p>原始字符串: {{ message }}</p>
11.     <p>计算后反转字符串: {{ reversedMessage }}</p>
12.   </div>
13.
14.   <script>
15.   const app = {
16.     data() {
17.       return {
18.         message: 'Hello Vue !!'
19.       }
20.     },
21.     computed: {
22.       // 计算属性的 getter
23.       reversedMessage: function () {
24.         // 'this' 指向 vue 实例
25.         return this.message.split('').reverse().join('')
26.       }
27.     }
28.   }
29.
30.   Vue.createApp(app).mount('#app')
31.   </script>
32.   </body>
33.   </html>
```

在上面的实例中声明了一个计算属性 reversedMessage。在计算属性中提供的函数将用作属性 app.reversedMessage 的 getter。

app.reversedMessage 依赖于 app.message，在 app.message 发生改变时，app.reversedMessage 也会被更新。

也可以使用 methods 普通方法来替代 computed 计算属性，在效果上两者都是一样的，但是 computed 计算属性是基于它的依赖缓存，只有相关依赖发生改变时才会重新取值。而使用 methods 普通方法，在重新渲染的时候，函数总会重新调用执行。可以说使用 computed 计算属性性能会更好，但是如果不希望使用缓存，可以使用 methods 普通方法。

4. 事件处理

可以使用 v-on 指令来监听 DOM 事件，从而执行 JavaScript 代码。v-on 指令可以缩写为@符号。

事件处理器的值可以是：

① 内联事件处理器：事件被触发时执行的内联 JavaScript 语句（与 onclick 类似）。

② 方法事件处理器：一个指向组件上定义的方法的属性名或是路径。

```
1.    <div id="app">
2.    <button @click="count++">Add 1</button>
3.    <p>Count is: {{ count }}</p>
4.    </div>
```

任务实施

在本实例中会使用 v-model 指令 input 输入框，一个用户在输入框中输入内容后，后面的一个 p 标签动态显示内容，第 3 个标签得用计算属性将输入的内容反转。如图 6-1 所示。

图 6-1　内容反转示例图

```
1.    <!DOCTYPE html>
2.    <html>
3.    <head>
4.    <meta charset="utf-8">
5.    <title>Vue  测试实例</title>
6.    <script src="https://unpkg.com/vue@next"></script>
7.    </head>
8.    <body>
9.    <div id="app">
10.      <p>input  元素：</p>
11.      <input v-model="message" placeholder="编辑我……">
12.      <p>input  表单消息是: {{ message }}</p>
13.      <p>计算后反转字符串: {{ reversedMessage }}</p>
14.
15.    </div>
16.
17.    <script>
18.    const app = {
19.      data() {
20.        return {
21.          message: ",
22.        }
23.      },
24.      computed: {
25.        // 计算属性的  getter
```

```
26.        reversedMessage: function () {
27.          // 'this' 指向 vue 实例
28.            return this.message.split(").reverse().join(")
29.        }
30.      }
31.    }
32.  Vue.createApp(app).mount('#app')
33.  </script>
34.  </body>
35.  </html>
```

任务 6.3　Vue 组件

任务描述

　　组件（component）是 vue.js 最强大的功能之一。组件的作用就是封装可重用的代码，通常一个组件就是一个功能体，便于在多个地方都能够调用这个功能体。每个组件都是 Vue 的实例对象。实例化的 Vue 对象就是一个组件，而且是所有组件的根组件。在 Vue 中整个页面按照功能划分成各个组件，便于修改，也便于在其他页面中重用。

　　本任务主要介绍 Vue 中组件的定义与使用。

任务目标

　　① 掌握 Vue 中组件的定义方法。
　　② 掌握 Vue 中组件的全局注册与局部注册方法。
　　③ 掌握向 Vue 组件传值的方法。

知识储备

1. 定义组件

　　组件系统让人们可以用独立可复用的小组件来构建大型应用，几乎任意类型的应用的界面都可以抽象为一个组件树，如图 6-2 所示。

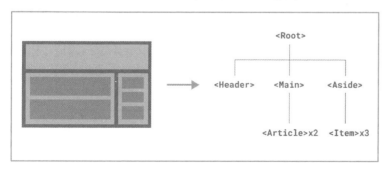

图 6-2　组件树图

创建一个全局组件语法格式如下：

```
1.    const app = createApp({})
2.
3.    app.component(
4.      // 注册的名字
5.      'MyComponent',
6.      // 组件的实现
7.      {
8.        data() {
9.          return {
10.           count: 0
11.         }
12.       },
13.       template:`
14.         <button @click="count++">
15.           You clicked me {{ count }} times.
16.         </button>`
17.     }
18.   )
```

这里的模板 template 是一个内联的 JavaScript 字符串，Vue 将会在运行时编译它。也可以使用 ID 选择器来指向一个元素 (通常是原生的 <template> 元素)，Vue 将会使用其内容作为模板来源。注意：template 中`是反引号，不是单引号'。

2．注册组件

一个 Vue 组件在使用前需要先被"注册"，这样 Vue 才能在渲染模板时找到其对应的实现。组件注册有两种方式：全局注册和局部注册。

（1）全局注册

可以使用 Vue 应用实例的 app.component() 方法，让组件在当前 Vue 应用中全局可用。

```
1.    const app = createApp({})
2.
3.    app.component(
4.      // 注册的名字
5.      'MyComponent',
6.      // 组件的实现
7.      {
8.        /* ... */
9.      }
10.   )
```

（2）局部注册

局部注册的组件需要在使用它的父组件中显式导入，并且只能在该父组件中使用。它的优点是使组件之间的依赖关系更加明确。

```
1.    components: {
2.        ComponentA: ComponentA
3.      }
```

对于每个 components 对象里的属性，它们的 key 名就是注册的组件名，而值就是相应组件的实现。组件在注册后可以被重用任意多次。

```
1.    <h1>Here is a child component!</h1>
2.    <ButtonCounter />
3.    <ButtonCounter />
4.    <ButtonCounter />
```

每一个组件都维护着自己的状态，是不同的 count。这是因为每当用户使用一个组件，就创建了一个新的实例。

3. 组件传值

prop 是子组件用来接受父组件传递过来的数据的一个自定义属性。父组件的数据需要通过 props 把数据传给子组件，子组件需要显式地用 props 选项声明 "prop"：

```
1.    <div id="app">
2.      <site-name title="Baidu"></site-name>
3.      <site-name title="Sina"></site-name>
4.      <site-name title="Taobao"></site-name>
5.    </div>

6.    <script>
7.    const app = Vue.createApp({})
8.
9.    app.component('site-name', {
10.     props: ['title'],
11.     template: `<h4>{{ title }}</h4>`
12.   })
13.
14.   app.mount('#app')
15.   </script>
```

类似于用 v-bind 绑定 HTML 特性到一个表达式，也可以用 v-bind 动态绑定 props 的值到父组件的数据中。每当父组件的数据变化时，该变化也会传导给子组件：

```
1.    <div id="app">
2.      <site-info
```

```
3.        v-for="site in sites"
4.        :id="site.id"
5.        :title="site.title"
6.      ></site-info>
7.    </div>
8.
9.    <script>
10.    const Site = {
11.      data() {
12.        return {
13.          sites: [
14.            { id: 1, title: 'Baidu' },
15.            { id: 2, title: 'Sina' },
16.            { id: 3, title: 'Taobao' }
17.          ]
18.        }
19.      }
20.    }
21.
22.    const app = Vue.createApp(Site)
23.
24.    app.component('site-info', {
25.      props: ['id','title'],
26.      template: `<h4>{{ id }} - {{ title }}</h4>`
27.    })
28.
29.    app.mount('#app')
30.    </script>
```

任务实施

在本案例中，首先定义一个组件 site-info，在组件中定义 props，可以接收两个参数：id 和 title。

```
1.    app.component('site-info', {
2.      props: ['id','title'],
3.      template: `<h4>{{ id }} - {{ title }}</h4>`
4.    })
```

在父组件中，通过 v-for 指令遍历数组 sites，动态生成 site-info 组件，并给 site-info 组件传值：

```
1.    <div id="app">
2.      <site-info
3.        v-for="site in sites"
```

```
4.        :id="site.id"
5.        :title="site.title"
6.      ></site-info>
7.    </div>
```

下面是完整的代码：

```
1.    <!DOCTYPE html>
2.    <html>
3.    <head>
4.    <meta charset="utf-8">
5.    <title>Vue 测试实例-组件传值</title>
6.    <script src="https://cdn.staticfile.org/vue/3.2.36/vue.global.min.js"></script>
7.    </head>
8.    <body>
9.    <div id="app">
10.     <site-info
11.       v-for="site in sites"
12.       :id="site.id"
13.       :title="site.title"
14.     ></site-info>
15.    </div>
16.
17.    <script>
18.    const Site = {
19.      data() {
20.        return {
21.          sites: [
22.              { id: 1, title: 'Baidu' },
23.              { id: 2, title: 'Sina' },
24.              { id: 3, title: 'Taobao' }
25.          ]
26.        }
27.      }
28.    }
29.
30.    const app = Vue.createApp(Site)
31.
32.    app.component('site-info', {
33.      props: ['id','title'],
34.      template: `<h4>{{ id }} - {{ title }}</h4>`
35.    })
36.
37.    app.mount('#app')
38.    </script>
```

```
39.    </body>
40.    </html>
```

任务 6.4 Vue 路由

任务描述

服务端路由指的是服务器根据用户访问的 URL 路径返回不同的响应结果。当人们在一个传统的服务端渲染的 Web 应用中点击一个链接时，浏览器会从服务端获得全新的 HTML，然后重新加载整个页面。

然而，在单页面应用中，客户端的 JavaScript 可以拦截页面的跳转请求，动态获取新的数据，然后在无须重新加载的情况下更新当前页面。这样通常可以带来更顺滑的用户体验，尤其是在更偏向"应用"的场景下，因为这类场景下用户通常会在很长的一段时间中做出多次交互。

在 Vue 中一般使用 Vue 路由（Vue Router）组件来使用路由，本任务主要学习 Vue Router 的使用。

任务目标

① 了解 Vue Router 环境配置。
② 掌握路由定义。
③ 理解路由的使用。

知识储备

1. Vue Router 环境配置

用 Vue + Vue Router 创建单页应用非常简单：通过 Vue.js，已经用组件组成了应用。当加入 Vue Router 时，需要做的就是将组件映射到路由上，让 Vue Router 知道在哪里渲染它们。

Vue.js 路由需要载入 vue-router 库，直接下载 / CDN：

```
1.        https://unpkg.com/vue-router@4
```

以下实例中将 vue-router 加进来，然后配置组件和路由映射，再告诉 vue-router 在哪里渲染它们。代码如下所示：

```
1.    <script src="https://unpkg.com/vue@3"></script>
2.    <script src="https://unpkg.com/vue-router@4"></script>
```

2. 定义路由

（1）定义路由组件
可以从其他文件导入。

```
1.    const Home = { template: `<div>Home</div>` }
2.    const About = { template: `<div>About</div>` }
```

（2）定义一些路由

每个路由都需要映射到一个组件。

```
1.    const routes = [
2.        { path: '/', component: Home },
3.        { path: '/about', component: About },
4.    ]
```

（3）创建路由实例并传递 'routes' 配置

路由内部提供了 history 模式的实现。为了简单起见，在这里使用 hash 模式。

```
1.    const router = VueRouter.createRouter({
2.       history: VueRouter.createWebHashHistory(),
3.       routes, // 'routes: routes' 的缩写
4.    })
```

（4）创建并挂载根实例

```
1.    const app = Vue.createApp({})
2.    //确保 _use_ 路由实例使整个应用支持路由
3.    app.use(router)
4.
5.    app.mount('#app')
```

3. 使用路由

在定义好路由后，在页面上使用路由主要用到两个标签：route-link 和 route-view。

```
1.    <div id="app">
2.      <h1>Hello App!</h1>
3.      <p>
4.        <!--使用 router-link 组件进行导航 -->
5.        <!--通过传递 'to' 来指定链接 -->
6.        <!--'<router-link>' 将呈现一个带有正确 'href' 属性的 '<a>' 标签-->
7.        <router-link to="/">Go to Home</router-link>
8.        <router-link to="/about">Go to About</router-link>
9.      </p>
10.     <!-- 路由出口 -->
11.     <!-- 路由匹配到的组件将渲染在这里 -->
12.     <router-view></router-view>
```

```
13.    </div>
```

（1）router-link

在这里要注意，路由没有使用常规的 a 标签，而是使用一个自定义组件 router-link 来创建链接。这使得 Vue Router 可以在不重新加载页面的情况下更改 URL，处理 URL 的生成以及编码。

router-link 是一个组件，该组件用于设置一个导航链接，切换不同 HTML 内容。to 属性为目标地址，即要显示的内容。

（2）router-view

router-view 将显示与 URL 对应的组件，可以把它放在任何地方，以适应布局。

任务实施

下面的代码是一个使用路由的完整实例。

```
1.    <!DOCTYPE html>
2.    <html>
3.    <head>
4.    <meta charset="utf-8">
5.    <title>Vue 测试实例-路由</title>
6.    <script src="https://unpkg.com/vue@next"></script>
7.    <script src="https://unpkg.com/vue-router@4"></script>
8.    </head>
9.    <body>
10.    <div id="app">
11.      <h1>Hello App!</h1>
12.      <p>
13.        <!--使用 router-link 组件进行导航 -->
14.        <!--通过传递 'to' 来指定链接 -->
15.        <!--'<router-link>' 将呈现一个带有正确 'href' 属性的 '<a>' 标签-->
16.        <router-link to="/"> Home</router-link> |
17.        <router-link to="/about"> About</router-link>
18.      </p>
19.      <!-- 路由出口 -->
20.      <!-- 路由匹配到的组件将渲染在这里 -->
21.      <router-view></router-view>
22.    </div>
23.
24.    <script>
25.    // 1. 定义路由组件.
26.    // 也可以从其他文件导入
27.    const Home = { template: '<div>Home</div>' }
28.    const About = { template: '<div>About</div>' }
```

```
29.
30.    // 2. 定义一些路由
31.    // 每个路由都需要映射到一个组件
32.    const routes = [
33.       { path: '/', component: Home },
34.       { path: '/about', component: About },
35.    ]
36.
37.    // 3. 创建路由实例并传递 'routes' 配置
38.    const router = VueRouter.createRouter({
39.       history: VueRouter.createWebHashHistory(),
40.       routes, // 'routes: routes' 的缩写
41.    })
42.
43.    // 4. 创建并挂载根实例
44.    const app = Vue.createApp({})
45.    //确保 _use_ 路由实例使整个应用支持路由
46.    app.use(router)
47.
48.    app.mount('#app')
49.
50.    </script>
51.    </body>
52.    </html>
```

任务 6.5　Vue 调用 Axios 插件

任务描述

Vue 本身不支持发送 Ajax 请求，需要使用 vue-resource、Axios 等插件实现。Axios 是一个基于 Promise 的 HTTP 请求客户端，用来发送请求，也是 Vue 2.0 官方推荐的，同时不再对 vue-resource 进行更新和维护。

本任务主要学习在 Vue 中调用 Axios 插件来完成异步通信。

任务目标

① 掌握在 Vue 中使用 Axios 插件的环境配置方法。
② 掌握 Axios 插件中的方法使用。

知识储备

1. Axios 的环境配置

Axios 是一个基于 Promise 的 HTTP 库，可以用在浏览器和 node.js 中。在 Vue 中推荐使用 Axios 来完成 Ajax 请求。

Axios 具有如下特性：

- 从浏览器中创建 XMLHttpRequests。
- 从 node.js 创建 http 请求。
- 支持 Promise API。
- 拦截请求和响应。
- 转换请求数据和响应数据。
- 取消请求。
- 自动转换 JSON 数据。
- 客户端支持防御 XSRF。

使用 CDN 的方式引入 Axios：

```
1.    <script src="https://unpkg.com/axios/dist/axios.min.js"></script>
```

2. Axios 中的方法

在 Axios 中主要有 get 和 post 两个方法。

（1）Axios.get(url[,options])

传参方式：

① 通过 URL 传参 axios('url?key=value&key1=val2').then();

② 通过 params 选项传参 axios('url',{params:{key:value}}).then();

```
1.    // 为给定 ID 的 user 创建请求
2.    axios.get('/user?ID=12345')
3.      .then(function (response) {
4.        console.log(response);
5.      })
6.      .catch(function (error) {
7.        console.log(error);
8.      });
9.
10.   // 上面的请求也可以这样做
11.   axios.get('/user', {
12.       params: {
13.         ID: 12345
14.       }
15.   })
16.     .then(function (response) {
17.       console.log(response);
18.     })
19.     .catch(function (error) {
20.       console.log(error);
21.     });
```

（2）axios.post(url,data,[options])

Axios 默认发送数据时，数据格式是 Request Payload，并非常用的 Form Data

格式，所以参数必须要以键值对形式传递，不能以 JSON 形式传。

传参方式：

① 自己拼接为键值对。

```
axios.post('url', 'key=value&key1=value1').then();
```

② 使用 transformRequest，在请求发送前将请求数据进行转换。

```
1.   axios.post('/user', {
2.       firstName: 'Fred',
3.       lastName: 'Flintstone'
4.     })
5.     .then(function (response) {
6.       console.log(response);
7.     })
8.     .catch(function (error) {
9.       console.log(error);
10.    });
```

任务实施

在本实例中通过 Axios 中的 get 方法请求/ajax/json_demo.json 文件，请求成功后将获取的数据中的 sites 赋值给 info，在页面中通过 v-for 遍历显示获取到的数据。

json_demo.json 文件内容：

```
1.   {
2.       "name":"网站",
3.       "num":3,
4.       "sites": [
5.           { "name":"Baidu", "info":[ "Android", "Baidu 搜索", "Baidu 翻译" ] },
6.           { "name":"Sina", "info":[ "新浪新闻", "新浪体育", "新浪微博" ] },
7.           { "name":"Taobao", "info":[ "淘宝", "网购" ] }
8.       ]
9.   }
```

下面是完整的代码：

```
1.   <!DOCTYPE html>
2.   <html>
3.   <head>
4.   <meta charset="utf-8">
5.   <title>Vue  测试实例  - axios 调用</title>
6.   <script src="https://unpkg.com/vue@next"></script>
7.   <script src="https://unpkg.com/axios/dist/axios.min.js"></script>
8.   </head>
```

```
9.    <body>
10.   <div id="app">
11.     <h1>网站列表</h1>
12.     <div
13.        v-for="site in info"
14.        >
15.          {{ site.name }}
16.     </div>
17.   </div>
18.
19.   <script>
20.   const app = {
21.     data() {
22.       return {
23.         info: 'axios  调用测试!!'
24.       }
25.     },
26.     mounted () {
27.       axios
28.         .get('/ajax/json_demo.json')
29.         .then(response => (this.info = response.data.sites))
30.         .catch(function (error) { // 请求失败处理
31.           console.log(error);
32.         });
33.     }
34.   }
35.
36.   Vue.createApp(app).mount('#app')
37.   </script>
38.   </body>
39.   </html>
```

项目小结

1. Vue 简介与环境配置。
2. Vue 中基本的模板操作与常用指令。
3. Vue 中事件的处理。
4. Vue 组件的使用。
5. Vue 中路由的设置。
6. Vue 中 Axios 异步通信接口操作。

课后练习

一、选择题

1. Vue 中用于监听 DOM 事件的指令是（　　）。

A．v-on

B．v-model

C．v-bind

D．V-html

2．下面关于 Vue 的优势说法错误的是（　　　）。

A．双向数据绑定

B．轻量级框架

C．增加代码的耦合度

D．实现组件化

3．Vue 中实现数据双向绑定的是（　　　）。

A．v-bind

B．v-for

C．v-model

D．V-if

4．下列关于 Vue 实例对象说法不正确的是（　　　）。

A．Vue 实例对象通过 Vue.createapp({})方式创建的

B．Vue 实例对象只允许有唯一的一个根标签

C．通过 methods 参数可以定义事件处理函数

D．Vue 实例对象中 data 数据不具有响应特性

5．在 Vue 中，能够实现页面单击事件的代码是（　　　）。

A．v-on:enter

B．v-on:click

C．v-on:mourseenter

D．v-on:doubleclick

二、简答题

1．Vue 组件注册有哪两种方式？有什么区别？

2．列出 5 个常用的 Vue 指令和其用法。

项目 7

BI 之 Superset

商业智能（Business Intelligence，BI），又称商业智慧或商务智能，指用现代数据仓库技术、线上分析处理技术、数据挖掘和数据展现技术进行数据分析以实现商业价值。

数据分析工具，如 Tableau、FineBI 等，它们可以单独作为数据分析工具使用，具有数据采集、数据整合以及可视化分析能力；也可与数据仓库配合使用，对数据仓库存储整合后的数据进行挖掘、可视化分析。

本项目主要介绍开源的 BI 工具 Superset 的安装与使用。

学习目标

【知识目标】

（1）了解 Superset 的功能与安装。

（2）掌握 Superset 的数据库配置。

（3）掌握使用 Superset 制作图表。

（4）掌握使用 Superset 制作 DashBoard。

【能力目标】

（1）能够独立安装 Superset。

（2）能够独立进行 Superset 数据库配置。

（3）能够独立使用 Superset 制作图表。

（4）能够独立使用 Superset 制作 DashBoard。

任务 7.1 Superset 介绍与安装

任务描述

Superset 开箱即用、零代码操作、无需 SQL，5 分钟即可完成数据可视化页面的搭建，在降低开发成本的同时，可以提高业务对数据的使用效率，助力企业精准快速决策。本任务介绍 Superset 的特点与安装过程。

任务目标

① 了解 Superset 的特点。
② 掌握 Superset 的安装方法。

知识储备

1. Superset 介绍

Superset 是一款开源的现代化企业级 BI。它是目前开源的数据分析和可视化工具中比较好用的，功能简单但可以满足人们对数据的基本需求，支持多种数据源，图表类型多，易维护，易进行二次开发。

Superset 是一款轻量级的 BI 工具，整个项目基于 Python 框架，它集成了 Flask、D3、Pandas、SQLAlchemy 等。

Superset 的特点：

- 快速创建可交互的、直观形象的数据集合。
- 有丰富的可视化方法来分析数据，且具有灵活的扩展能力。
- 具有可扩展的、高粒度的安全模型，可以用复杂规则来控制访问权限。目前支持主要的认证提供商：DB、OpenID、LDAP、OAuth 和 Flask AppBuiler 的 REMOTE_USER。
- 使用简单的语法，就可以控制数据在 UI 中的展现方式。
- 与 Druid 深度结合，可快速地分析大数据。
- 配置缓存来快速加载仪表盘。
- Superset 通过使用 SQLAlchemy（一种与大多数常见数据库兼容的 Python ORM），迅速扩展了范围以支持其他数据库。

2. Superset 安装

Superset 有多种安装方式，这里推荐使用 Docker 的方式，安装方便快捷。Superset 官方暂不支持 Windows 平台，可以先安装一个 Ubuntu 的虚拟机，然后在虚拟机安装 Superset。

Docker 是一个开源的应用容器引擎，让开发者可以打包他们的应用以及依赖包到一个可移植的镜像中，然后发布到任何流行的 Linux 或 Windows 操作系统的机器上，也可以实现虚拟化。容器是完全使用沙箱机制，相互之间不会有任何接口。Docker 技术将应用以集装箱的方式打包交付，使应用在不同的团队中共享，通过镜像的方式应用可以部署于任何环境中。这样避免了各团队之间的协作问题的出现，成为企业实现 DevOps 目标的重要工具。以容器方式交付的 Docker 技术支持不断地开发迭代，大大提升了产品开发和交付速度。

任务实施

安装好虚拟机后，首先需要安装 docker 和 docker-compose：

```
1.    sudo apt install docker-ce
2.    sudo apt install docker-compose
```

docker-compose 是 Docker 官方的开源项目，使用 Python 编写，实现上调用了 Docker 服务的 API 进行容器管理，其官方定义为"定义和运行多个 Docker 容器的应用（Defining and running multi-container Docker applications）"。类似 Docker 的 Dockerfile 文件，docker-compose 使用 YAML 文件对容器进行管理。

还需要安装 GIT 版本管理工具：

```
3.    sudo apt install git
```

使用 GIT 克隆 Superset 仓库到本地：

```
4.    git clone https://github.com/apache/superset.git
```

转到 Superset 目录：

```
5.    cd superset
```

修改 docker-compose-non-dev.yml 文件中的"version:3.7"，改成 3.6 或以下："version:3.6"。

执行下面的命令获取 Superset 镜像：

```
6.    docker-compose -f docker-compose-non-dev.yml pull
```

然后执行下面的命令启动 Superset：

```
7.    docker-compose -f docker-compose-non-dev.yml up
```

然后打开浏览器，在地址栏输入：http://localhost:8088，就可以看到 Superset 的操作界面了。首先需要登录，默认的用户名和密码都是 admin。登录成功后的界面如图 7-1 所示。

图 7-1　登录界面

任务 7.2　Superset 数据库配置

任务描述

用户如果希望在 Superset 中创建图表和仪表板，首先需要配置数据库连接。本任务将展示如何将 Superset 连接到新数据库并在该数据库中配置表以进行分析。

任务目标

① 掌握 Superset 中的数据库配置方法。
② 掌握 Superset 中的数据表配置方法。

知识储备

1. 添加数据库连接

Superset 在连接数据库时需要一个 Python DB-API 的数据库驱动和一个 SQLAlchemy 的连接字符串。可以在 Superset 官网查看支持的数据库类型、相应的驱动和 SQLAlchemy 连接字符串格式。

例如连接 MySQL 数据库，需要先安装驱动：pip install mysqlclient。

SQLAlchemy 连接字符串格为：

```
mysql://<UserName>:<DBPassword>@<Database Host>/<Database Name>
```

Superset 本身没有存储层来存储数据，而是与现有的 SQL 数据库或数据存储配对。首先需要将连接凭据添加到数据库中，以便从中查询和可视化数据。如果通过 Docker compose 在本地使用 Superset，则可以跳过此步骤，因为 Superset 中包含并预先配置了 Postgres 数据库（命名为 examples）。单击右上角的+号，在数据菜单下，选择 connect database 选项，如图 7-2 所示。

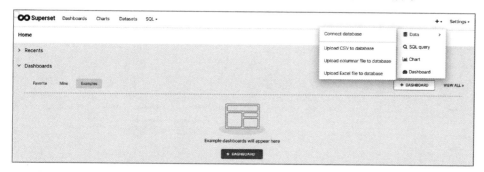

图 7-2 打开 connect a database 对话框

弹出如图 7-3 所示的对话框。

选择 MySQL 数据库后弹出数据库信息输入对话框，如图 7-4 所示。

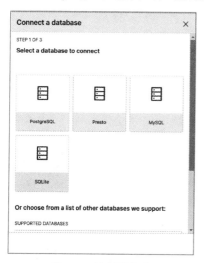

图 7-3 选择数据库

图 7-4 数据库信息输入

输入 HOST、PORT、DATABASE NAME、USERNAME、PASSWORD 后单击 CONNECT 按钮连接测试，测试成功后显示如图 7-5 所示对话框。

图 7-5 测试结果

单击 FINISH 按钮后保存数据库连接。在右上角 Settings 菜单下的 Database Connections 中可以查看已经保存的数据库连接，如图 7-6 所示。

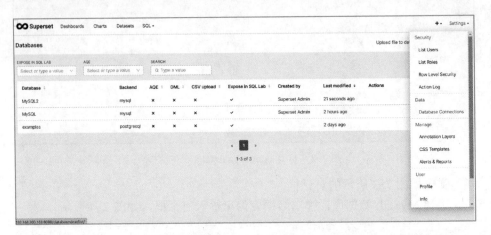

图 7-6　查看数据库连接

2. 添加数据表

已经配置好了数据源，就可以选择要在 Superset 中公开以供查询的特定表（在 Superset 中称为 Datasets）。导航到 Datasets，然后选择右上角的+DATASET 按钮，如图 7-7 所示。

图 7-7　Add Dataset 对话框

此时将弹出一个模态窗口。使用显示的下拉菜单选择数据库、架构和表。在已经注册了数据集后，可以配置列属性，如图 7-8 所示，以确定如何在 Explore 工作流中处理列：

- 该列是临时的吗？（它应该用于时间序列图中的切片和分割吗？）
- 该列是否可筛选？
- 柱是否有尺寸？
- 如果是 datetime 列，Superset 应该如何解析 datetime 格式？（使用 ISO-8601 字符串模式）

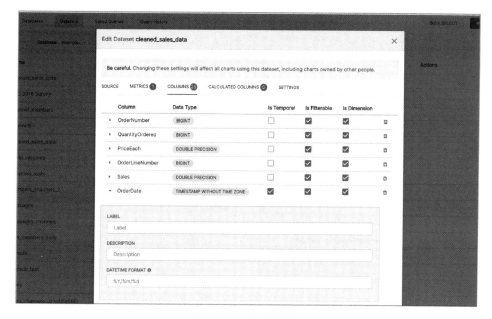

图 7-8　配置列的属性

Superset 有一个语义层，可以存储两种类型的计算数据：

① 虚拟度量。可以编写 SQL 查询来聚合多个列中的值，例如 SUM（recovered）/SUM（confirmed），并将它们作为列在 Explore 中进行可视化（例如 recovery_rate）。对于度量，允许并鼓励使用聚合函数。如果想在此视图中验证指标，也可以验证指标。

② 虚拟计算列。可以编写 SQL 查询，自定义特定列的外观和行为，例如，CAST（recovery_rate）为 float。计算列中不允许使用聚合函数。

任务实施

在本实例中将连接 MySQL 招聘分析数据库 db_visualization_system，并配置其中的数据表 tbl_tag_position_city_count。单击右上角的+号，在数据菜单下，选择 Connect database 选项，如图 7-9 所示。

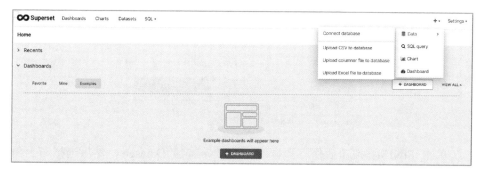

图 7-9　打开数据库对话框

弹出如图 7-10 所示的对话框。

选择 MySQL 数据库后弹出填写数据库信息对话框，如图 7-11 所示。

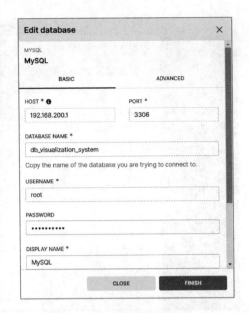

图 7-10　选择数据库　　　　　　　　　　图 7-11　填写数据库信息

输入 HOST、PORT、DATABASE NAME、USERNAME、PASSWORD 后单击 CONNECT 按钮连接测试，测试成功后显示如图 7-12 所示对话框。

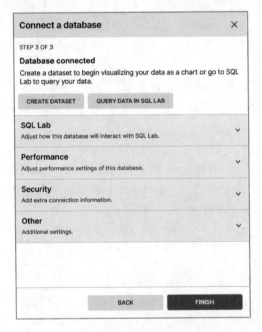

图 7-12　测试成功

单击 FINISH 按钮后保存数据库连接。导航到 Datasets，然后选择右上角的+DATASET 按钮，如图 7-13 所示。

将会弹出一个模态窗口，使用显示的下拉菜单选择数据库为 MySQL、架构为 db_visualization_system 和表 tbl_tag_position_city_count，如图 7-14 所示。

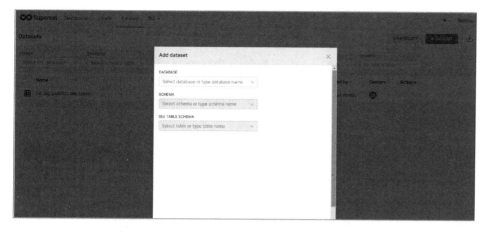

图 7-13　Add dataset 对话框

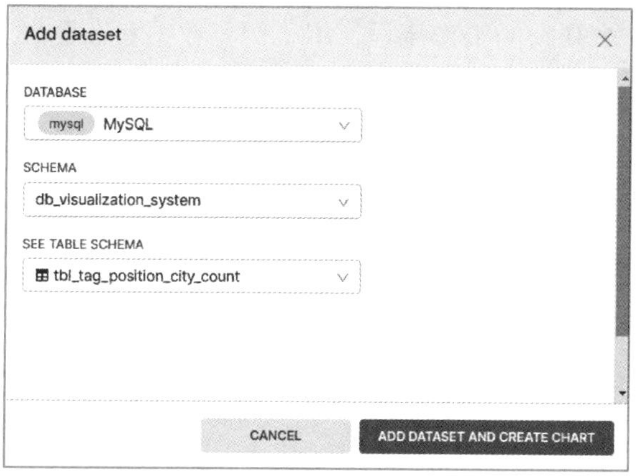

图 7-14　选择数据库

任务 7.3　使用 Superset 制作图表

任务描述

在 Superset 中可制作各种图表，用于对数据进行直观地展示，以助于发现数据中的规律。本任务介绍在 Superset 中制作图表的过程。

任务目标

① 掌握 Superset 中折线图的制作方法。
② 掌握 Superset 中饼图的制作方法。

知识储备

创建图表
Superset 有两个主要界面用于浏览数据。

① Explore：不用编写代码的可视化构建器。通过选择数据集、选择图表、自定义外观，即可生成图表用于发布。

② SQL Lab：用于清理、添加和准备 Explore 工作流数据的 SQL IDE。

现在将重点关注用于创建图表的 Explore 视图。从"数据集"选项卡启动"浏览"工作流，首先单击将为图表提供数据的数据集的名称，如图 7-15 所示。

图 7-15　选择数据集

可以看到一个强大的工作流程，用于浏览数据和在图表上迭代。左侧的 Dataset 视图有一个列和度量的列表，范围是选择的当前数据集。图表区下方的数据预览也提供了有用的数据上下文。

使用"数据"选项卡和"自定义"选项卡，可以更改可视化类型、选择时间列、选择要分组的度量以及自定义图表的外观。使用下拉菜单自定义图表时，请确保单击"运行"按钮以获得视觉反馈。如图 7-16 所示。

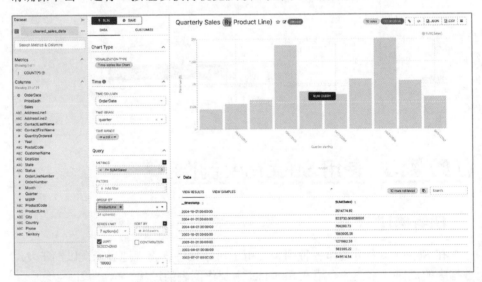

图 7-16　自定义图表

在图 7-17 中，制作了一个分组的时间序列条形图，通过单击下拉菜单中的选项，可按产品线将季度销售数据可视化。

任务实施

在全国招聘市场大数据分析平台中有一个展示图，如图 7-18 所示。下面使用 Superset 来制作和图 7-18 类似的一张图。

对应的数据表是：tbl_ts_tag_position_count，如图 7-19 所示。

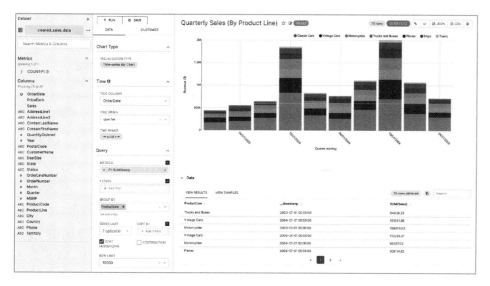

图 7-17　分组时间序列条形图

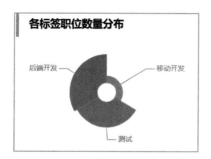

图 7-18　标签职位分布图

fld_id	fld_tag_name	fld_position	fld_count	fld_date
1	移动开发	iOS	342	2018-04-11
2	移动开发	HTML5	854	2018-04-10
3	移动开发	Android	862	2018-04-10
4	测试	自动化测试	2130	2018-04-11
5	测试	测试开发	74	2018-04-11
6	测试	性能测试	2947	2018-04-11
7	测试	功能测试	2225	2018-04-11
8	后端开发	语音/视频/图形开发	4	2018-04-10
9	后端开发	VB	9	2018-04-10
10	后端开发	Ruby	226	2018-04-10
11	后端开发	Python	744	2018-04-10
12	后端开发	Perl	12	2018-04-10
13	后端开发	PHP	1416	2018-04-10
14	后端开发	Node.js	672	2018-04-10
15	后端开发	Java	2492	2018-04-10
16	后端开发	Golang	194	2018-04-10
17	后端开发	Erlang	44	2018-04-10
18	后端开发	Delphi	12	2018-04-10
19	后端开发	C++	660	2018-04-10
20	后端开发	C#	562	2018-04-10
21	后端开发	C	786	2018-04-10
22	后端开发	.NET	456	2018-04-10

图 7-19　tbl_ts_tag_position_count 数据表

制作这张图，需要按照 fld_tag_name 字段进行分组，并对 fld_count 字段求和。首先添加一个 Dataset，如图 7-20 所示。

图 7-20　添加 Dataset

　　然后添加图表，选择 pie 类型，在 Query 中进行两个设置，DIMENSIONS 选择 abcfld_tag_name，METRIC 选择 $f(x)$ SUM (fld_count)，并用 SUM 聚合函数求和，如图 7-21 所示。最后生成的图形如图 7-22 所示。

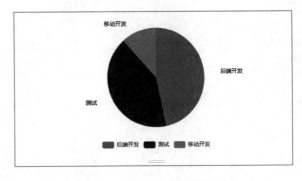

图 7-21　添加图表

图 7-22　效果图

　　选择"Save as"保存图表，命名为"各标签职位数量分布"，如图 7-23 所示。

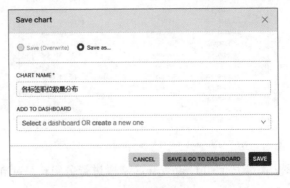

图 7-23　保存图表

下面再添加一个折线图，如图 7-24 所示。

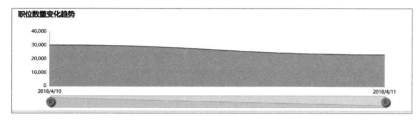

图 7-24　折线图

使用表 tbl_tag_position_day_count，如图 7-25 所示。

fld_id	fld_tag_id	fld_position	fld_day	fld_count	fld_modify_date
1	1	iOS	2018-04-11	342	2018-11-12 14:35:08
2	1	HTML5	2018-04-10	854	2018-11-12 14:35:08
3	1	Android	2018-04-10	862	2018-11-12 14:35:08
4	2	自动化测试	2018-04-11	2130	2018-11-12 14:35:08
5	2	测试开发	2018-04-11	74	2018-11-12 14:35:08
6	2	性能测试	2018-04-11	2947	2018-11-12 14:35:08
7	2	功能测试	2018-04-11	2225	2018-11-12 14:35:08
8	3	语音/视频/图形开发	2018-04-10	4	2018-11-12 14:35:08
9	3	VB	2018-04-10	9	2018-11-12 14:35:08
10	3	Ruby	2018-04-10	226	2018-11-12 14:35:08
11	3	Python	2018-04-10	744	2018-11-12 14:35:08
12	3	Perl	2018-04-10	12	2018-11-12 14:35:08
13	3	PHP	2018-04-10	1416	2018-11-12 14:35:08
14	3	Node.js	2018-04-10	672	2018-11-12 14:35:08
15	3	Java	2018-04-10	2492	2018-11-12 14:35:08
16	3	Golang	2018-04-10	194	2018-11-12 14:35:08
17	3	Erlang	2018-04-10	44	2018-11-12 14:35:08
18	3	Delphi	2018-04-10	12	2018-11-12 14:35:08
19	3	C++	2018-04-10	660	2018-11-12 14:35:08
20	3	C#	2018-04-10	562	2018-11-12 14:35:08
21	3	C	2018-04-10	786	2018-11-12 14:35:08
22	3	.NET	2018-04-10	456	2018-11-12 14:35:08
32	1	iOS	2018-04-11	342	2018-11-12 14:36:35
33	1	HTML5	2018-04-10	854	2018-11-12 14:36:35
34	1	Android	2018-04-10	862	2018-11-12 14:36:35

图 7-25　tbl_tag_position_day_count 数据表

首先创建一个 Dataset，如图 7-26 所示。

Edit Dataset tbl_tag_position_day_count

SOURCE　METRICS ❶　COLUMNS ❻　CALCULATED COLUMNS ⓿　SETTINGS

🔒 Click the lock to make changes.

◉ Physical (table or view)　○ Virtual (SQL)

PHYSICAL ❶

DATABASE

mysql　MySQL

SCHEMA

db_visualization_system

TABLE

tbl_tag_position_day_count

CANCEL　SAVE

图 7-26　创建 Dataset

然后添加图表，类型为 line。设置 TIME COLUMN 为 fld_day，TIME GRAIN（时间粒度）为 Day，TIME RANGE（时间范围）为 No filter；METRICS（度量）为 $f(x)$ SUM (fld_count)，并用 SUM 聚合函数求和，如图 7-27 所示。

在 CUSTOMIZE（自定义）中设置 X 轴和 Y 轴的标题为日期和数量，如图 7-28 所示。

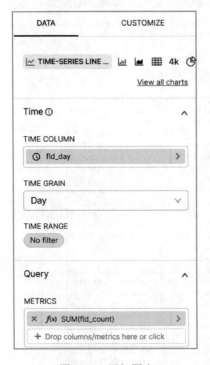

图 7-27　添加图表

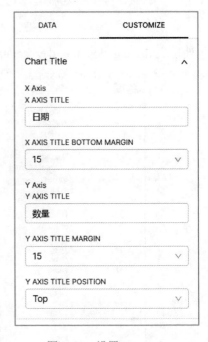

图 7-28　设置 Customize

再选中 Chart Options 中 SHOW VALUE（显示数值）和 AREA CHART（面积图）两个复选框，如图 7-29 所示。

图 7-29　设置 Chart Options

最后生成的图如图 7-30 所示。

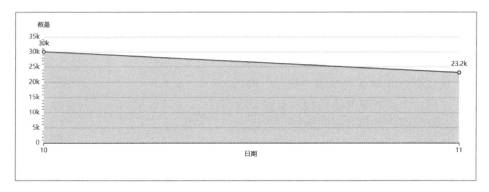

图 7-30　折线效果图

保存图，命名为"职位数量变化趋势"，如图 7-31 所示。

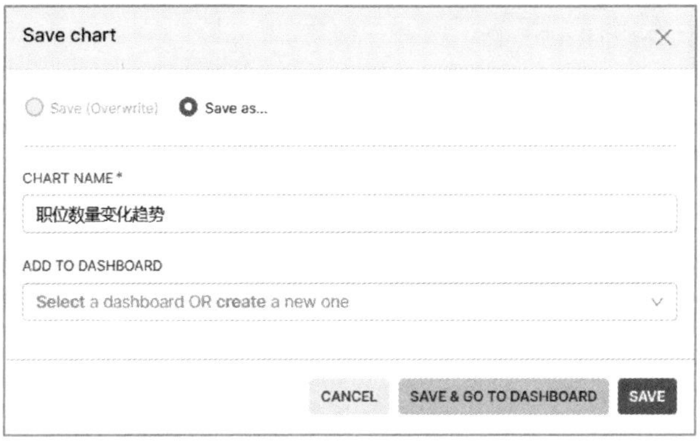

Save chart

○ Save (Overwrite)　● Save as...

CHART NAME *

职位数量变化趋势

ADD TO DASHBOARD

Select a dashboard OR create a new one

CANCEL　　SAVE & GO TO DASHBOARD　　SAVE

图 7-31　命名保存图

任务 7.4　使用 Superset 制作 DashBoard

任务描述

　　DashBoard 是商业智能仪表盘（Business Intelligence Dashboard，BI DashBoard）的简称，它是一般商业智能都拥有的实现数据可视化的模块，是向企业展示度量信息和关键业务指标（KPI）现状的数据虚拟化工具。

　　本任务介绍在 Superset 中 DashBoard 的制作和设置方法。

任务目标

　　① 掌握 Superset 中 DashBoard 中的制作方法。

　　② 掌握 Superset 中 DashBoard 的自定义设置方法。

知识储备

　　DashBoard 在一个简单屏幕上联合并整理数字、公制和绩效记分卡。它们调整适应特定角色并展示为单一视角或部门指定的度量。DashBoard 关键的特征是从多种数据源获取实时数据，并且是定制化的交互式界面。DashBoard 以丰富的，可交互的可视化界面为数据提供更好的使用体验。

1. 创建 DashBoard

要保存图表，首先单击"保存"按钮。

● 保存图表并将其添加到现有仪表板。

● 保存图表并将其添加到新仪表板。

在图 7-32 中，将图表保存到新的"Super Duper Sales Dashboard"。

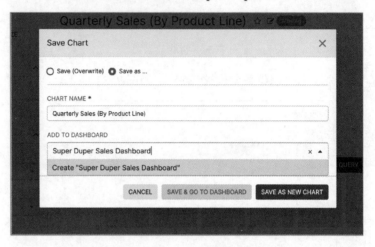

图 7-32　保存图表

要发布，单击保存并转到仪表板。Superset 将创建一个切片（slice），并在其数据层中存储创建图表所需的所有信息（查询、图表类型、所选选项、名称等），如图 7-33 所示。

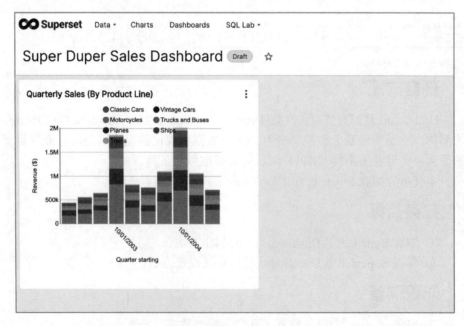

图 7-33　图表所有信息效果

要调整图表大小，单击右上角的铅笔按钮。然后，单击并拖动图表的右下角，直到图表布局捕捉到基础网格上合适的位置，如图 7-34 所示。

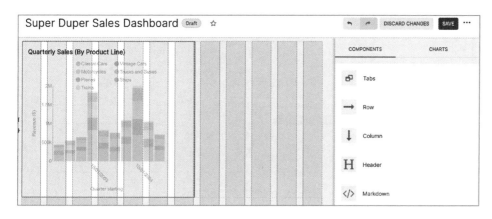

图 7-34　调整图表大小

单击"保存"按钮保存更改。

此时，已经成功链接、分析并可视化了 Superset 中的数据。还有很多其他的表配置和可视化选项，读者可以自行探索。

2. 自定义 DashBoard

以下 URL 参数可用于修改仪表板的呈现方式。

（1）独立 standalone

● 0（默认）：仪表板正常显示。

● 1：顶部导航已隐藏。

● 2：顶部导航+标题已隐藏。

● 3：顶部导航+标题+顶级选项卡被隐藏。

（2）显示筛选器 show_filters

● 0：渲染不带筛选栏的仪表板。

● 1（默认）：如果启用本机过滤器，则使用过滤器栏渲染仪表板。

（3）扩展过滤器 expand_filters

● （默认设置）：如果存在本机过滤器，则渲染仪表板，并展开过滤器栏。

● 0：呈现折叠了过滤器栏的仪表板。

● 1：展开过滤器栏的渲染仪表板。

例如，在运行本地开发版本时，以下操作将禁用顶部导航并删除过滤器栏：http://localhost:8088/superset/dashboard/my-dashboard/?standalone=1&show_filters=0

任务实施

首先创建一个空白的 DashBoard，如图 7-35 所示。

选择右边的 LAYOUT ELEMENTS（布局元素）标签，添加一个 Row 行元素和一个 Header 标题，如图 7-36 所示。

图 7-35 创建空白 DashBoard

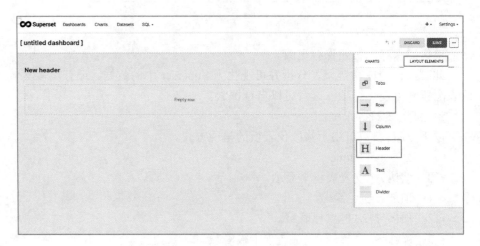

图 7-36 设计布局

修改 header 中的内容为"全国招聘市场大数据分析平台",并切换到 Charts 图表中,CHARTS 中显示新加的两个图表,将它们拖曳到左边的 row 中,并调整大小,如图 7-37 所示。

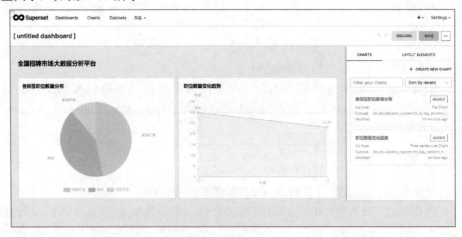

图 7-37 设置全国招聘市场大数据分析平台相关参数

保存 DashBoard，将看到如下的大屏展示，如图 7-38 所示：

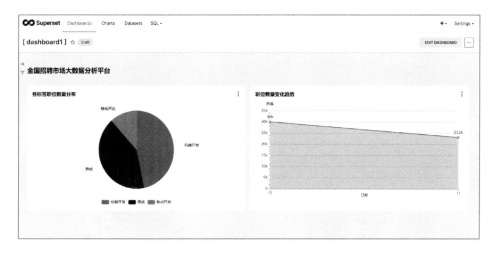

图 7-38 全国招聘市场大数据分析平台效果图

项目小结

1．Superset 的功能与安装。
2．Superset 的数据库配置。
3．使用 Superset 制作图表。
4．使用 Superset 制作 DashBoard。

课后练习

一、选择题

1．默认情况下，Superset 只显示最后一周的数据。在示例中，我们希望可视化数据集中的所有数据。单击时间范围部分，并将范围类型更改为（　　）。

　　A．last　　　　　　　　　　　　B．privous
　　C．custom　　　　　　　　　　　D．no filter

2．在"时间"部分的设置，（　　）是设置时间粒度的。

　　A．Time column　　　　　　　　B．Time range
　　C．Time grain　　　　　　　　　D．Time row

3．在"时间"部分的设置，（　　）是设置时间范围的。

　　A．Time column　　　　　　　　B．Time range
　　C．Time grain　　　　　　　　　D．Time row

4．在配置数据库连接时，如果需要连接 MySQL 时需要安装（　　）驱动。

      A．pip install mysqlclient   B．pip install psycopg2

      C．pip install pyhive   D．pip install pymssql

5．下面（   ）聚合函数是用于求平均数的。

      A．SUM   B．COUNT   C．AVG   D．MAX

二、简答题

1．简述 Superset 有哪些优点。

2．使用 Superset 画一个折线图需要哪些步骤？

项目 8

项目实践：招聘分析监控系统——数据可视化子系统

招聘分析监控系统从一些特定的主流招聘网站采集公开的招聘信息数据，经过清洗无效数据后使用分布式存储进行保存，采用离线数据分析的相关方法对存储的数据进行分析后，由前端可视化系统对分析结果进行展示。本项目主要结合之前所学知识，综合设计招聘分析监控子系统。

 学习目标 | **【知识目标】**

（1）了解招聘分析监控系统–数据可视化子系统概述。

（2）了解系统的框架结构。

（3）掌握系统 API 设计与实现。

（4）掌握系统数据可视化。

【能力目标】

（1）能够进行系统功能需求分析。

（2）能够设计系统框架结构。

（3）能够实现系统 API。

（4）能够实现系统数据可视化。

8.1 系统概览

1. 系统功能需求

分析各个系统需要完成的内容及功能，其中数据可视化子系统主要包含的功能如下。

① 支持柱状图、折线图、热力图、词云等数据可视化图表，提供各图表信息的动态加载及局部刷新功能。

② 支持基于 B/S 结构的可视化界面，提供基于特定信息的数据查询。

③ 提供高可扩展 Web 端界面框架，可实现快速开发及扩展。

数据可视化子系统由 Web 前端、数据处理层构成，数据库采用 MySQL 存储可视化数据。数据可视化子系统框架见图 8-1。

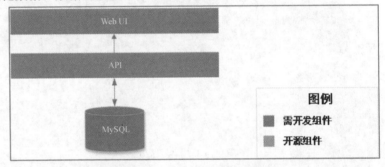

图 8-1　数据可视化系统框架

Web UI 主要完成前端界面数据获取并使用获取到的数据对展示页面进行渲染，最终以 B/S 架构用户交互页面进行信息展示。Web UI 采用分屏式展示，每一类数据在同一屏，系统主要展示以下两类数据。

- 全局信息数据。
- 指定标签数据。

通过以上可视化功能的分析，总结出数据可视化子系统需要使用如下技术。

- ECharts：开源数据可视化组件。
- BootStrap：开源前端组件。
- Flask：开源 Web 框架。
- Jinja2：开源模板引擎。
- SQLAlchemy：开源 ORM 框架。

2. 系统模块划分

可视化子系统主要分两个模块。

（1）全局信息数据可视化模块

全局信息数据可视化模块一般为前端开发的首页，以展示总体数据为主，让用户在最短的时间内就能看到最有用的职位信息数据，并对内容信息产生兴趣。此项目主要显示招聘需求地域分布、各标签职位数量分布、职位数量 Top20、职位数量变化趋势等图表，见图 8-2。

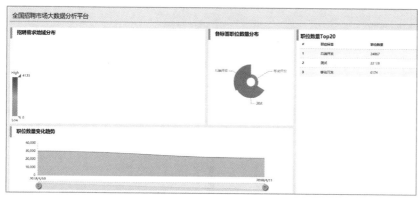

图 8-2　全局信息效果图

（2）指定标签数据可视化模块

按照专业网页设计流程，指定标签数据可视化模块为次级页层级，次级页与首页有一定的从属关系，也就是对首页 Tag 部分的详细展示页面，主要显示各岗位职位数量、各岗位职位数量分布、职位数量月度趋势、职位数量变化趋势，以及该职位下不同岗位的数量变化趋势、数量月度趋势、技能点词云、招聘需求地域分布等，效果见图 8-3～图 8-6。

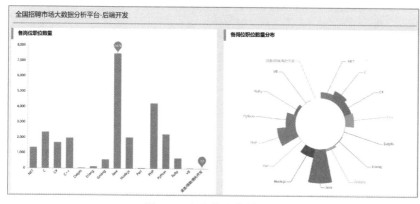

图 8-3　各岗位职位效果图

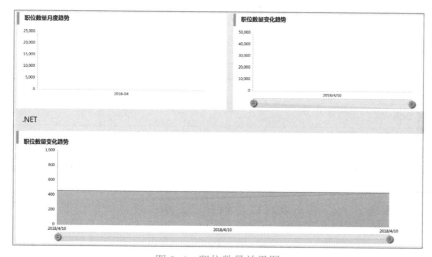

图 8-4　职位数量效果图

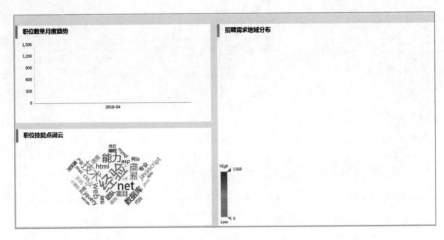

图 8-5 职位分布图

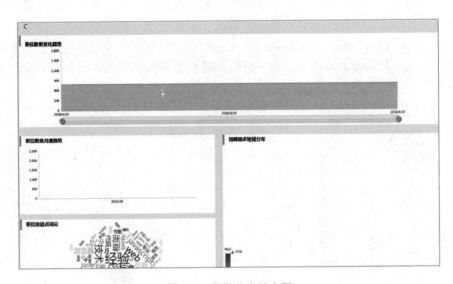

图 8-6 职位分布综合图

微课 8-3
数据库表结构

3. 据库表结构

数据库服务器使用 MySQL，首先在运行项目之前要准备好项目所需的数据库，按表 8-1 要求创建一个空的数据库。

表 8-1 创建空数据库

数据库名	db_visualization_system
字符集	utf8
排序规则	utf8_general_ci

然后找到项目根目录下的 db_visualization_system.sql 文件，在 db_visualization_system 数据库中运行该 sql 文件，将测试数据导入数据库中。

数据库表导入以后，就可以看到有以下相关表结构的信息内容，详见表 8-2～表 8-9。

表 8-2 标签信息表

表名	字段名称	属性	注释	有无索引	有无外键
tbl_tag	fld_id	int、自动递增、非空	主键	无	无
	fld_name	varchar、非空	标签名称	唯一索引	无
	fld_modify_date	Datetime、非空	数据最后更新时间	无	无

表 8-3 岗位数据表

表名	字段名称	属性	注释	有无索引	有无外键
tbl_tag_position_total_count	fld_id	int、自动递增、非空	主键	无	无
	fld_tag_id	int、非空	标签表 id	普通索引	外键标签表 id
	fld_position	varchar、非空	岗位名称	无	无
	fld_count	int、非空	职位数量	无	无
	fld_modify_date	Datetime、非空	数据最后更新时间	无	无

表 8-4 月度岗位数据表

表名	字段名称	属性	注释	有无索引	有无外键
tbl_tag_position_month_count	fld_id	int、自动递增、非空	主键	无	无
	fld_tag_id	int、非空	标签表 id	普通索引	外键标签表 id
	fld_position	varchar、非空	岗位名称	无	无
	fld_month	varchar、非空	月份	无	无
	fld_count	int、非空	职位数量	无	无
	fld_modify_date	Datetime、非空	数据最后更新时间	无	无

表 8-5 岗位关键词表

表名	字段名称	属性	注释	有无索引	有无外键
tbl_tag_position_keyword_count	fld_id	int、自动递增、非空	主键	无	无
	fld_tag_id	int、非空	标签表 id	普通索引	外键标签表 id
	fld_position	varchar、非空	岗位名称	无	无
	fld_keyword	varchar、非空	关键词	无	无
	fld_count	int、非空	出现次数	无	无
	fld_modify_date	Datetime、非空	数据最后更新时间	无	无

表 8-6 岗位城市分布表

表名	字段名称	属性	注释	有无索引	有无外键
tbl_tag_position_city_count	fld_id	int、自动递增、非空	主键	无	无
	fld_tag_id	int、非空	标签表 id	普通索引	外键标签表 id
	fld_position	varchar、非空	岗位名称	无	无
	fld_city	varchar、非空	城市	无	无
	fld_count	int、非空	职位数量	无	无
	fld_modify_date	Datetime、非空	数据最后更新时间	无	无

表 8-7 岗位数据暂存表

表名	字段名称	属性	注释	有无索引	有无外键
tbl_ts_tag_position_count	fld_id	int、自动递增、非空	主键	无	无
	fld_tag_name	varchar、非空	标签名称	无	无
	fld_position	varchar、非空	岗位名称	无	无
	fld_count	int、非空	职位数量	无	无
	fld_date	Datetime、非空	数据采集时间	无	无

表 8-8 城市需求数据暂存表

表名	字段名称	属性	注释	有无索引	有无外键
tbl_ts_tag_position_city_count	fld_id	int、自动递增、非空	主键	无	无
	fld_tag_name	varchar、非空	标签名称	无	无
	fld_position	varchar、非空	岗位名称	无	无
	fld_city	varchar、非空	城市名称	无	无
	fld_count	int、非空	职位数量	无	无
	fld_date	Datetime、非空	数据采集时间	无	无

表 8-9 关键词数据暂存表

表名	字段名称	属性	注释	有无索引	有无外键
tbl_ts_tag_position_keyword_count	fld_id	int、自动递增、非空	主键	无	无
	fld_tag_name	varchar、非空	标签名称	无	无
	fld_position	varchar、非空	岗位名称	无	无
	fld_keyword	varchar、非空	关键词名称	无	无
	fld_count	int、非空	出现次数	无	无
	fld_date	Datetime、非空	数据采集时间	无	无

微课 8-4
项目安装

4. 项目安装

先创建一个 Python 3.6 的虚拟环境:

```
virtualenv flaskPy3
```

然后进入虚拟环境:

```
source flaskPy3/bin/activate
```

转到项目根目录下之后,执行如下的命令安装项目依赖包:

```
pip install -r requirements.txt
```

在 ./webapp/config.py 项目配置文件下连接数据库地址与用户密码,根据需要修改数据库连接信息。然后进行数据库迁移(初次运行项目要先进行数据库迁移)。

删除 migrations 目录,以下三步完成 model 定义的表结构向数据库的迁移,并且会在项目下生成 migrations/ 目录,保存数据库每次变更的内容。

① 创建数据库表。

```
python run.py db init
```

② 提交修改。

```
python run.py db migrate
```

③ 执行修改。

```
python run.py db upgrade
```

注:若变更数据库则须删除 migrations 目录,重新进行迁移。

5. 代码结构

项目的整个代码结构见图 8-7。

以下是一些重要文件和说明。

微课 8-5
代码结构

- config.py:项目配置文件。
- config_extensions.py:项目初始化脚本。
- models:数据库模型包。
- static:静态文件目录。
- templates:模板目录。
- migrations:数据迁移文件夹。
- run.py:项目管理文件。
- webservice/index.py:视图函数定义文件。

执行如下命令可以运行整个项目：

```
python run.py runserver
```

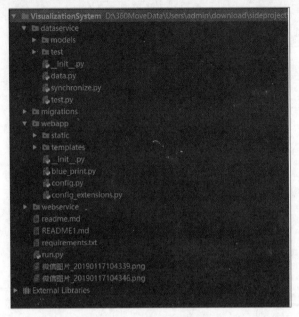

图 8-7　项目代码结构

微课 8-6
页面布局

8.2　响应式框架结构

1. 页面布局

首页的主要布局包含 5 部分，标题在顶部占据页面 10% 的高度，左上角为地图，中间为饼状图，右边是表格，最下边是折线图。因为折线图展示的是一个很长时间内的一个职位数量变化趋势，所以采用的是一个宽矮的格局来展示。至于重量级别都处在一个相等的水平等级，因此布局大小只是根据图表适合的宽高来排布。

首页布局见图 8-8。

图 8-8　首页布局图

次级页面则展示的信息相对详细，除了针对当前职位的整体的分析数据以外，还包含有该职位下的各个岗位的详细信息。其中整体信息主要通过柱状图、饼状图、折线图展示，而各个岗位信息主要通过折线图、词云、地图来展示。

次级页面布局见图 8-9。

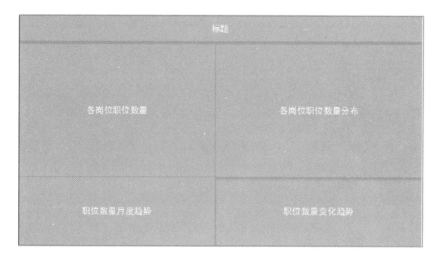

图 8-9 次级页面布局

2. 基模板组件引用

首页模板文件位于项目的 webapp/templates/index.html 中。

微课 8-7
基模板组件引用

```html
1.    <body >
2.        <div class="header">
3.            <div class="header-title"> <h1>全国招聘市场大数据分析平台</h1></div>
4.        </div>
5.        <form action="/tag_data/" method="post" target="_blank" id="tagForm">
6.            <input type="hidden" id="tagId" name="tagId" value="" />
7.            <input type="hidden" id="tagName" name="tagName" value="" />
8.        </form>
9.        <div class="content">
10.           <!--图表内容-->
11.           <div class="left" id="left">
12.             <div class="left-top-box">
13.                 <!--地图-->
14.                 <div class="map-box chart-container">
15.                     <div id="main_map" style="height:100%;width:100%;"></div>
16.                     <div class="borderLeft"></div>
17.                 </div>
18.                 <!--饼状图-->
19.                 <div class="pie-box chart-container">
```

```
20.                    <div id="main_pie" style="height:100%;width:100%;"></div>
21.                    <div class="borderLeft"></div>
22.                </div>
23.            </div>
24.        <!--折线图-->
25.        <div class="line-box chart-container">
26.            <div id="main_area" style="height:100%;width:100%;"></div>
27.            <div class="borderLeft"></div>
28.        </div>
29.    </div>
30.    <div class="right" id="right">
31.        <div class="borderLeft"></div>
32.        <p class="title">职位数量 Top20</p>
33.        <!--标签列表-->
34.        <div class="tbl-box chart-container">
35.            <table class="table table-striped" id="tag-table">
36.                <thead>
37.                    <tr>
38.                        <th>#</th>
39.                        <th>职位标签</th>
40.                        <th>职位数量</th>
41.                    </tr>
42.                </thead>
43.                <tbody>
44.                    <tr>
45.                        <th scope="row">1</th>
46.                        <td>Mark</td>
47.                        <td>Otto</td>
48.                    </tr>
49.                </tbody>
50.            </table>
51.        </div>
52.    </div>
53.  </div>
54. </body>
```

次级模板文件位于项目的 webapp/templates/tag_data.html 中。

```
1.  <body >
2.      <div class="header">
```

```
3.          <div class="header-title"> <h1>全国招聘市场大数据分析平台-{{tagName}}
</h1></div>
4.      </div>
5.      <div class="content">
6.          <div class="left" >
7.              <div class="left-container">
8.                  <div id="main_bar"></div>
9.                  <div class="borderLeft"></div>
10.             </div>
11.             <div class="left-bottom height-month-year">
12.                 <div id="main_month"></div>
13.                 <div class="borderLeft"></div>
14.             </div>
15.         </div>
16.         <div class="right" >
17.             <div class="right-container">
18.                 <div id="main_pie"></div>
19.                 <div class="borderLeft"></div>
20.             </div>
21.             <div class="right-bottom height-month-year">
22.                 <div id="main_area"></div>
23.                 <div class="borderLeft"></div>
24.             </div>
25.         </div>
26.
27.         <!-- 循环每个岗位的统计图表 -->
28.         {% for pd in pd_list %}
29.             {% for k,v in pd.items() %}
30.             <div class="clear"></div>
31.             <div class="pull-content">
32.                 <p class="title">
33.                     {{k|safe}}
34.                 </p>
35.                 <div id="position_area_{{pd_list.index(pd)}}"></div>
36.                 <div class="borderLeft"></div>
37.             </div>
38.             <div class="left-down" >
39.                 <div class="left-container-down">
40.                     <div id="position_month_{{pd_list.index(pd)}}"></div>
41.                     <div class="borderLeft"></div>
```

```
42.              </div>
43.              <div class="clear"></div>
44.              <div class="left-bottom-down height-month-year">
45.                  <div id="position_word_{{pd_list.index(pd)}}"></div>
46.                  <div class="borderLeft"></div>
47.              </div>
48.          </div>
49.          <div class="right-down" >
50.              <div class="right-container-down">
51.                  <div id="position_map_{{pd_list.index(pd)}}"></div>
52.                  <div class="borderLeft"></div>
53.              </div>
54.          </div>
55.
56.      {% endfor %}
57.      {% endfor %}
58.      <!-- 循环每个岗位的统计图表结束 -->
59.      </div>
60.  </body>
```

可以根据项目需求对以上代码进行修改。

微课 8-8
API 设计

8.3 API 设计与实现

1. API 设计

项目使用统一的 API 与数据库进行交互，所有的 API 定义在 dataserivce/data.py 文件中。下面是各个 API 的接口说明，见表 8-10～表 8-17。

表 8-10 get_all_tag 接口

功能	获取所有标签信息
参数	无
返回值	标签数据 Dictionary（python），KeyValue 格式为<标签 ID，标签名>

表 8-11 get_analysis_data_group_by_tag 接口

功能	以标签为分组条件，获取标签对应的职位数量。支持通过参数指定返回标签个数
参数	topK（默认时为 10），数字，指定获取职位最多的前几个数据
返回值 1	[标签名，标签名，标签名...]
返回值 2	[数量 1，数量 2，数量 3...]
说明	两个返回值按照先后顺序具有一一对应关系

表 8-12 get_scatter_data_group_by_tag 接口

功能	以标签为分组条件，获取标签对应的职位分布。支持通过参数指定返回标签个数
参数	无
返回值	[{name:标签名 1,value:职位数量},{name:标签名 1,value:职位数量}，...]

表 8-13 get_scatter_data_group_by_position 接口

功能	以传入的标签数据作为过滤条件对数据进行筛选后，以岗位为单位统计职位分布
参数	无
返回值	[{name:岗位名 1,value:职位数量},{name:岗位名 2,value:职位数量}，...]

表 8-14 get_analysis_data_group_by_month 接口

功能	根据参数传入的过滤条件对数据进行筛选后，以月份为单位统计职位数量
参数 1	tag_id（默认为 None），标签 id，指定标签过滤条件 默认时不按照标签进行数据过滤
参数 2	position（默认为 None），岗位名称，指定岗位过滤条件 默认时不按照岗位进行数据过滤
返回值	[["月份 1",数量 1],["月份 2",数量 2],["月份 3",数量 3],...]
说明	1. 若参数 tag_id 默认，则直接无视参数 position 的传入内容 2. 若当前只有一个月的数据，下一个月的字符串结尾加字符"E"后在图标显示，但没有数值

表 8-15 get_analysis_data_group_by_Location 接口

功能	根据参数传入的过滤条件对数据进行筛选后，以城市为单位统计职位数量
参数 1	tag_id（默认为 None），标签 id，指定标签过滤条件 默认时不按照标签进行数据过滤
参数 2	position（默认为 None），岗位名称，指定岗位过滤条件 默认时不按照岗位进行数据过滤
返回值	[{name:'城市 1',value:数量 1},{name:'城市 2',value:数量 2},{name:'城市 3',value:数量 3}]
说明	若参数 tag_id 默认，则直接无视参数 position 的传入内容

表 8-16 get_word_analysis_data 接口

功能	获取特定标签、特定岗位的关键词云
参数 1	tag_id，标签 id，指定标签过滤条件
参数 2	position，岗位名称，指定岗位过滤条件
返回值	{"词 1":数量 1,"词 2":数量 2,"词 3":数量 3}

表 8-17 synchronize 接口

功能	提供外部系统调用，将暂存表的数据同步到正式表中，同步成功后，清空所有暂存表
参数	无
返回值	无
调用方式	http://[服务器 ip 地址]/synchronize

微课 8-9
API 功能实现 1

微课 8-10
API 功能实现 2

2. API 功能实现

以下是各 API 功能实现说明。

（1）get_all_tag()

```
1.   # 全部标签列表接口
2.   def get_all_tag():
3.       tag_list = Tbl_tag.query.order_by(Tbl_tag.fld_id)
4.       return tag_list
```

（2）get_analysis_data_group_by_tag()

```
1.   # 首页根据标签的职位数量统计柱状图接口
2.   def get_analysis_data_group_by_tag(tag_id):
3.       return get_analysis_data(tag_id)
4.
5.   # 柱状图接口具体实现
6.   def get_analysis_data(tag_id):
7.       position_or_tag_count = []
8.       if int(tag_id) > 0:
9.           position_list = get_position_or_tag_by_tag_id(tag_id)
10.          positions = []
11.          for position in position_list:
12.              positions.append("'"+"'"+position.fld_position+"'")
13.          position_or_tag_str = '[' + ','.join(positions) + ']'
14.
15.          position_count_list = get_position_or_tag_count_by_tag_id(tag_id)
16.          for position_count in position_count_list:
17.              position_or_tag_count.append(int(position_count.fld_count))
18.      else:
19.          tag_list = get_position_or_tag_by_tag_id(tag_id)
20.          tags = []
21.          for tag in tag_list:
22.              tags.append("'"+"'"+tag.fld_name+"'")
23.          position_or_tag_str = '[' + ','.join(tags) + ']'
24.
25.          tag_count_list = get_position_or_tag_count_by_tag_id(tag_id)
26.          for tag_count in tag_count_list:
27.              position_or_tag_count.append(int(tag_count.sumTagCount))
28.
```

```
29.        # 封装成字典类型
30.        data_dict = {}
31.        data_dict[position_or_tag_str] = position_or_tag_count
32.
33.        return data_dict
```

（3）get_scatter_data_group_by_tag

```
1.    # 首页根据标签的职位数量比例饼状图接口
2.    def get_scatter_data_group_by_tag(tag_id):
3.        return get_scatter_data(tag_id)
4.
5.    # 饼图接口具体实现
6.    def get_scatter_data(tag_id):
7.        query_position_count = Tbl_tag_position_total_count.query
8.        if int(tag_id) > 0:
9.            position_count_list = query_position_count.with_entities(Tbl_tag_position_
total_count.fld_position,
10.                                    Tbl_tag_position_total_count.fld_count). \
11.                filter(Tbl_tag_position_total_count.fld_tag_id == tag_id). \
12.                order_by(Tbl_tag_position_total_count.fld_position)
13.            position_count_str = []
14.            for position_count in position_count_list:
15.                position_count_str.append("{name: ' " + position_count.fld_position + " ',
value: " + str(int(position_count.fld_count)) + "}")
16.            return '[' + ','.join(position_count_str) + ']'
17.        else:
18.            tag_count_list = db.session.query(Tbl_tag.fld_name.label('tagName'),
19.                                func.sum(Tbl_tag_position_total_count.fld_count).label
('sumTagCount')). \
20.                outerjoin(Tbl_tag_position_total_count, Tbl_tag.fld_id == Tbl_tag_position_
total_count.fld_tag_id). \
21.                group_by(Tbl_tag.fld_id).order_by(Tbl_tag.fld_id)
22.            tag_count_str = []
23.            for tag_count in tag_count_list:
24.                tag_count_str.append("{name: ' "+tag_count.tagName+" ', value: "+str(int(tag_
count.sumTagCount))+"}")
25.            return '[' + ','.join(tag_count_str) + ']'
```

（4）get_analysis_data_group_by_month()

```
1.    # 具体标签统计页的根据岗位的月度职位数量统计接口
2.    def get_analysis_data_group_by_month(tag_id, position):
3.        query_month_count = Tbl_tag_position_month_count.query
4.        month_count_dict = {}
5.        if int(tag_id) > 0:
6.            if position:
```

```
7.          month_list = query_month_count.with_entities(Tbl_tag_position_month_count.
fld_month). \
8.              filter(
9.                  and_(Tbl_tag_position_month_count.fld_tag_id == tag_id, Tbl_tag_position_
month_count.fld_position == position)). \
10.                 order_by(Tbl_tag_position_month_count.fld_month)
11.             months = []
12.             for month in month_list:
13.                 months.append(' " ' ' " ' + month.fld_month + ' ' " ')
14.             months_str = '[' + ','.join(months) + ']'
15.             count_list = query_month_count.with_entities(Tbl_tag_position_month_count.
fld_count). \
16.                 filter(
17.                     and_(Tbl_tag_position_month_count.fld_tag_id == tag_id, Tbl_tag_position_
month_count.fld_position == position)). \
18.                 order_by(Tbl_tag_position_month_count.fld_month)
19.             count_str = []
20.             for count in count_list:
21.                 count_str.append(int(count.fld_count))
22.             month_count_dict[months_str] = count_str
23.         else:
24.             month_list = query_month_count.with_entities(Tbl_tag_position_month_
count.fld_month). \
25.                 filter(Tbl_tag_position_month_count.fld_tag_id == tag_id). \
26.                 group_by(Tbl_tag_position_month_count.fld_month). \
27.                 order_by(Tbl_tag_position_month_count.fld_month)
28.             months = []
29.             for month in month_list:
30.                 months.append(' " ' ' " ' + month.fld_month + ' ' " ')
31.             months_str = '[' + ','.join(months) + ']'
32.             count_list = query_month_count.with_entities(func.sum(Tbl_tag_position_
month_count.fld_count).
33.                                         label('sumMonthCount')). \
34.                 filter(Tbl_tag_position_month_count.fld_tag_id == tag_id). \
35.                 group_by(Tbl_tag_position_month_count.fld_month). \
36.                 order_by(Tbl_tag_position_month_count.fld_month)
37.             count_str = []
38.             for count in count_list:
39.                 count_str.append(int(count.sumMonthCount))
40.             month_count_dict[months_str] = count_str
41.     else:
42.         month_list = query_month_count.with_entities(Tbl_tag_position_month_count.
fld_month). \
43.             group_by(Tbl_tag_position_month_count.fld_month). \
44.             order_by(Tbl_tag_position_month_count.fld_month)
45.         months = []
46.         for month in month_list:
47.             months.append(' " ' ' " ' + month.fld_month + ' ' " ')
```

```
48.        months_str = '[' + ','.join(months) + ']'
49.        count_list = query_month_count.with_entities(
50.            func.sum(Tbl_tag_position_month_count.fld_count).label('sumMonthCount')). \
51.            group_by(Tbl_tag_position_month_count.fld_month). \
52.            order_by(Tbl_tag_position_month_count.fld_month)
53.        count_str = []
54.        for count in count_list:
55.            count_str.append(int(count.sumMonthCount))
56.        month_count_dict[months_str] = count_str
57.        return month_count_dict
```

（5）get_analysis_data_group_by_Location()

```
1.    # 职位数量地区分布统计接口
2.    def get_analysis_data_group_by_location(tag_id, position):
3.        query_city_position = Tbl_tag_position_city_count.query
4.        if int(tag_id) > 0:
5.            city_count_list = query_city_position.with_entities(Tbl_tag_position_city_count.fld_city,
6.                                       Tbl_tag_position_city_count.fld_count). \
7.                filter(and_(Tbl_tag_position_city_count.fld_tag_id == tag_id, Tbl_tag_position_city_count.fld_position == position)). \
8.                order_by(Tbl_tag_position_city_count.fld_city)
9.            city_count_str = []
10.           for city_count in city_count_list:
11.               city_count_str.append('{name: "' + city_count.fld_city + '", value: ' + str(int(city_count.fld_count)*5) + '}')
12.           return '[' + ','.join(city_count_str) + ']'
13.       else:
14.           city_count_list = query_city_position.with_entities(Tbl_tag_position_city_count.fld_city,
15.                                       func.sum(Tbl_tag_position_city_count.fld_count).
16.                                       label('sumCityCount')). \
17.               group_by(Tbl_tag_position_city_count.fld_city). \
18.               order_by(Tbl_tag_position_city_count.fld_city)
19.           city_count_str = []
20.           for city_count in city_count_list:
21.               city_count_str.append('{name: "' + city_count.fld_city + '", value: ' + str(int(city_count.sumCityCount)*5) + '}')
22.           return '[' + ','.join(city_count_str) + ']'
```

（6）get_word_analysis_data()

```
1.    # 具体标签统计页的根据岗位的技能词数量统计接口
2.    def get_word_analysis_data(tag_id, position):
3.        query_word_position = Tbl_tag_position_keyword_count.query
```

```
4.      if int(tag_id) > 0:
5.          word_count_list = query_word_position.with_entities(Tbl_tag_position_keyword_
count.fld_keyword,
6.                                  Tbl_tag_position_keyword_count.fld_count). \
7.          filter(
8.              and_(Tbl_tag_position_keyword_count.fld_tag_id == tag_id, Tbl_tag_position_
keyword_count.fld_position == position, Tbl_tag_position_keyword_count.fld_count > 99)). \
9.          order_by(db.desc(Tbl_tag_position_keyword_count.fld_count))
10.         word_count_str = []
11.         for word_count in word_count_list:
12.             word_count_str.append('{name: "' + word_count.fld_keyword + '", value: ' + str
(int(word_count.fld_count)) + '}')
13.         return '[' + ','.join(word_count_str) + ']'
14.     else:
15.         pass
```

8.4　全局信息数据可视化

微课 8-11
职位排行

全局信息数据可视化的逻辑处理主要用 ./webservice/index.py 文件中的 get_index()方法。

1. 职位排行（表格）

职位排行表显示效果见图 8-10。

职位数量Top20		
#	职位标签	职位数量
1	后端开发	24867
2	测试	22128
3	移动开发	6174

图 8-10　职位排行表显示效果图

获取职位排行表格的数据：

```
tag_list = Tbl_tag.query.order_by(Tbl_tag.fld_id)
```

在模板文件 index.html 中：

```
1.      var objArr = [{% for tag in tag_list %}
2.                  {name: '{{ tag.fld_name }}',id:'{{ tag.fld_id }}'},
3.                  {% endfor %}];
```

```
4.      var nameArr = {% for k,v in bar_data.items() %}{{k|safe}}{% endfor %};
5.      var valueArr = {% for k,v in bar_data.items() %}{{v}}{% endfor %};
6.      for(var i=0;i<nameArr.length;i++){
7.          for(var j=0;j<objArr.length;j++){
8.              if(nameArr[i] == objArr[j].name){
9.                  objArr[i].value = valueArr[j];
10.             }
11.         }
12.     }
13.     function sortObj(a, b){
14.         return b.value - a.value;
15.     }
16.     objArr = objArr.sort(sortObj);//调用排序,sortObj 方法作为参数传入 sort 方法中
17.     console.log(objArr);
18.     var html = [];
19.     $("#tag-table tbody").html(");
20.     for(var i=0;i<objArr.length;i++){
21.         html.push('<tr  id="'+objArr[i].id+'"   value="'+objArr[i].name+'"><th scope=
"row">'+(i+1)+'</th><td>'+objArr[i].name+'</td><td>'+objArr[i].value+'</td></tr>')
22.     }
23.     $("#tag-table tbody").html(html.join("));
24.     $("#tag-table tbody").delegate('tr','click',function(){
25.         tagDetail($(this).attr("id"), $(this).attr("value"));
26.     })
```

2. 职位分布（饼图）

职位分布饼图显示效果见图 8-11。

微课 8-12
职位分布

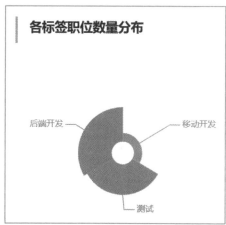

图 8-11　职位分布饼图显示效果

获取职位分布数据：

```
pie_data = get_scatter_data_group_by_tag(0)
```

在模板文件 index.html 中画饼图：

```
1.      var piedom = document.getElementById("main_pie");
2.                  //用于使 chart 自适应高度和宽度，通过窗体高宽计算容器高宽
3.              var resizePieContainer = function () {
4.                  piedom.style.width = $(".left-bottom").width()+'px';
5.                  piedom.style.height = $(".left-bottom").height()+'px';
6.              };
7.              resizePieContainer();
8.          var pieChart = echarts.init(piedom, 'dark');
9.          var pieapp = {};
10.         pieoption = null;
11.           pieoption = {
12.                  backgroundColor: '#fff',
13.   color:['#2ec7c9','#b6a2de','#5ab1ef','#ffb980','#d87a80','#8d98b3', '#e5cf0d','#97b552'],
14.                  title: {
15.                      text: '各标签职位数量分布',
16.                      left:'20',
17.                      top:'5',
18.                    textStyle:{color:"#000"}
19.                  },
20.                  tooltip : {
21.                      trigger: 'item',
22.                      formatter: "{a} <br/>{b} : {c} ({d}%)"
23.                  },
24.                  calculable : true,
25.                  series : [
26.                      {
27.                          name:'职位数量',
28.                          type:'pie',
29.                          radius : ['10%', '40%'],
30.                          center : ['50%', '55%'],
31.                          roseType : 'area',
32.                          data:{{pie_data|safe}}
33.                      }
34.                  ]
35.              };
36.          if   (pieoption && typeof pieoption === "object") {
37.              pieChart.setOption(pieoption, true);
38.
39.              $(window).resize(function(){
40.                      //重置容器高宽
41.                      resizePieContainer();
```

```
42.                              pieChart.resize();
43.                          });
44.              }
```

3. 月度职位数量（折线图）

月度职位数量折线图显示效果见图 8-12。

微课 8-13
月度职位数量

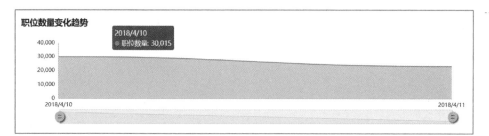

图 8-12　月度职位数量折线图变化趋势图

获取月度职位数量数据：

```
area_data = get_area_data(0, None)
```

在模板文件 index.html 中画折线图：

```
1.    //加载职位数量变化趋势图
2.              var areadom = document.getElementById("main_area");
3.              //用于使 chart 自适应高度和宽度，通过窗体高宽计算容器高宽
4.              var resizeMonthContainer = function () {
5.                  areadom.style.width = $(".right-bottom").width()+'px';
6.                  areadom.style.height = $(".right-bottom").height()+'px';
7.              };
8.              resizeMonthContainer();
9.          var areaChart = echarts.init(areadom, 'walden');
10.         var areaapp = {};
11.         areaoption = null;
12.             var areadate = [];
13.             var areadata = [];
14.
15.             {% for day_count in area_data %}
16.                 areadate.push([{{day_count.yy}}, {{day_count.mm}},
{{day_count.dd}}].join('/'));
17.                 areadata.push({{day_count.dayCount}});
18.             {% endfor %}
19.
20.             areaoption = {
21.                 backgroundColor: '#fff',
```

```
22.                         color:['#91dedf','#d5cbe9','#a7d3f2'],
23.                     tooltip: {
24.                         trigger: 'axis',
25.                         position: function (pt) {
26.                             return [pt[0], '10%'];
27.                         }
28.                     },
29.                     title: {
30.                         left: '20',
31.                         top:'5',
32.                         text: '职位数量变化趋势',
33.                       textStyle:{color:"#000"}
34.                     },
35.                     xAxis: {
36.                         splitLine:{show: false},
37.                         type: 'category',
38.                         boundaryGap: false,
39.                         data: areadate,
40.                         axisLabel:{
41.                             color:'#000',
42.                         }
43.                     },
44.                     yAxis: {
45.                         splitLine:{show: false},
46.                         type: 'value',
47.                         boundaryGap: [0, '100%'],
48.                         axisLabel:{
49.                             color:'#000',
50.                         }
51.                     },
52.                     dataZoom: [{
53.                         type: 'inside',
54.                         start: 0,
55.                         end: 100
56.                     }, {
57.                         start: 0,
58.                         end: 100,
59.                         handleIcon: 'M10.7,11.9v-1.3H9.3v1.3c-4.9,0.3-8.8,4.4-
8.8,9.4c0,5,3.9,9.1,8.8,9.4v1.3h1.3v-1.3c4.9-0.3,8.8-4.4,8.8-9.4C19.5,16.3,15.6,12.2,10.7,11.9
z M13.3,24.4H6.7V23h6.6V24.4z M13.3,19.6H6.7v-1.4h6.6V19.6z',
60.                         handleSize: '80%',
61.                         handleStyle: {
62.                             color: '#fff',
63.                             shadowBlur: 3,
64.                             shadowColor: 'rgba(0, 0, 0, 0.6)',
```

```
65.                            shadowOffsetX: 2,
66.                            shadowOffsetY: 2
67.                    }
68.                }],
69.            series: [
70.                {
71.                    name:'职位数量',
72.                    type:'line',
73.                    smooth:true,
74.                    symbol: 'none',
75.                    sampling: 'average',
76.                    itemStyle: {
77.                        normal: {
78.                            //color: '#3CC3FF'
79.                            color: '#5ab1ef'
80.                        }
81.                    },
82.                    areaStyle: {
83.                        normal: {
84.                            color: new echarts.graphic.LinearGradient
                                (0, 0, 0, 1, [{
85.                                offset: 0,
86.                                //color: '#3EF3F4'
87.                                color: '#a5d1f0'
88.                            }, {
89.                                offset: 1,
90.                                //color: '#3EF3F4'
91.                                color: '#a5d1f0'
92.                            }])
93.                        }
94.                    },
95.                    data: areadata
96.                }
97.            ]
98.        };
99.        if (areaoption && typeof areaoption === "object") {
100.            areaChart.setOption(areaoption, true);
101.
102.            $(window).resize(function(){
103.                //重置容器高宽
104.                resizeMonthContainer();
105.                areaChart.resize();
106.            });
107.        }
```

4. 职位地域分布地图

获取职位地域分布数据：

```
location_data = get_analysis_data_group_by_location(0, None)
```

在模板文件 index.html 中画地图：

```
1.                    var resizeMapContainer = function () {
2.                        mapdom.style.width = $(".right-container").width()+'px';
3.                        mapdom.style.height = $(".right-container").height()+'px';
4.                    };
5.                    resizeMapContainer();
6.                  var mapChart = echarts.init(mapdom, 'walden');
7.                  var mapapp = {};
8.                  mapoption = null;
9.                  mapoption = {
10.                     title: {
11.                         text: '招聘需求地域分布',
12.                         left:'20',
13.                         top:'5',
14.                         textStyle:{color:"#000"}
15.                     },
16.                     backgroundColor: '#fff',
17.                     visualMap: {
18.                         min: 0,
19.                         max: {{max_count}},
20.                         left: 'left',
21.                         top: 'bottom',
22.                         text: ['High','Low'],
23.                         seriesIndex: [1],
24.                         inRange: {
25.                         color: ['#d94e5d','#eac736','#5dd84e'].reverse()
26.                         },
27.                         calculable : true
28.                     },
29.                     geo: {
30.                         map: 'china',
31.                         roam: true,
32.                         label: {
33.                             normal: {
34.                                 show: true,
35.                                 textStyle: {
36.                                     color: 'rgba(0,0,0,0.4)'
37.                                 }
```

```
38.                               }
39.                          },
40.                     itemStyle: {
41.                          normal:{
42.                               borderColor: 'rgba(0, 0, 0, 0.2)'
43.                          },
44.                          emphasis:{
45.                               areaColor: null,
46.                               shadowOffsetX: 0,
47.                               shadowOffsetY: 0,
48.                               shadowBlur: 20,
49.                               borderWidth: 0,
50.                               shadowColor: 'rgba(0, 0, 0, 0.5)'
51.                          }
52.                     }
53.                 },
54.             series: [
55.                 {
56.                     type: 'scatter',
57.                     coordinateSystem: 'geo',
58.                     symbolSize: 20,
59.                     symbolRotate: 35,
60.                     label: {
61.                          normal: {
62.                               formatter: '{b}',
63.                               position: 'right',
64.                               show: false
65.                          },
66.                          emphasis: {
67.                               show: true
68.                          }
69.                     },
70.                     itemStyle: {
71.                          normal: {
72.                               color: '#F06C00'
73.                          }
74.                     }
75.                 },
76.                 {
77.                     name: 'position',
78.                     type: 'heatmap',
79.                     coordinateSystem: 'geo',
80.                     data: convertData({{location_data|safe}})
81.                 }
82.             ]
```

```
83.                    };
84.                    if (mapoption && typeof mapoption === "object") {
85.                        mapChart.setOption(mapoption, true);
86.                        $(window).resize(function(){
87.                            //重置容器高宽
88.                            resizeMapContainer();
89.                            mapChart.resize();
90.                        });
91.                    }
```

8.5 指定标签数据可视化

指定标签数据可视化的逻辑处理主要用 ./webservice/index.py 文件中的 get_tag_data()方法。

微课 8-14
职位数量

1. 职位数量（柱状图）

职位数量柱状图显示效果见图 8-13。

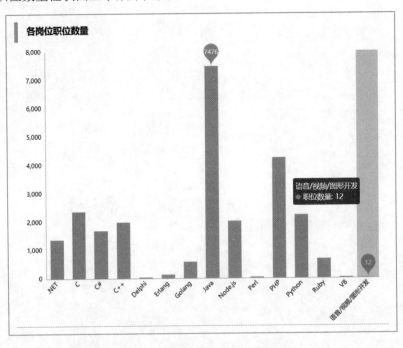

图 8-13　职位数量柱状图显示效果图

获取职位数量数据：

```
bar_data = get_analysis_data_group_by_position(tag_id)
```

在模板文件 tag_data.html 中画柱状图：

```
1.    //加载该标签各岗位职位数量柱状图
2.                    var bardom = document.getElementById("main_bar");
3.                    //用于使 chart 自适应高度和宽度,通过窗体高宽计算容器高宽
4.                    var resizeBarContainer = function () {
5.                        bardom.style.width = $(".left-container").width()+'px';
6.                        bardom.style.height = $(".left-container").height()+'px';
7.                    };
8.                    resizeBarContainer();
9.                    var barChart = echarts.init(bardom, 'walden');
10.                   var barapp = {};
11.                   baroption = null;
12.                   barapp.title = '标签的岗位下职位数量柱状分析';
13.                   baroption = {
14.                       title: {
15.                           text: '各岗位职位数量',
16.                            left:'20',
17.                           top:'5',
18.                           textStyle:{color:"#000"}
19.                       },
20.                       backgroundColor:'#fff',
21.                       color: ['#2ec7c9'],
22.                       tooltip : {
23.                           trigger: 'axis',
24.                           axisPointer : {
25.                               type : 'shadow'
26.                           }
27.                       },
28.                       grid: {
29.                           left: '3%',
30.                           right: '4%',
31.                           bottom: '3%',
32.                           containLabel: true
33.                       },
34.                       xAxis : [
35.                           {
36.                               splitLine:{show: false},
37.                               type : 'category',
38.                               data : {% for k,v in bar_data.items() %}{{k|safe}}{%
endfor %},
39.                               axisTick: {
40.                                   alignWithLabel: true
41.                               },
42.                               axisLabel:{
43.                                   color:'#000',
44.                                   interval:0,
```

```
45.                              rotate:45,
46.                              margin:8
47.                          }
48.                      }
49.                  ],
50.              yAxis : [
51.                  {
52.                      splitLine:{show: false},
53.                      type : 'value',
54.                      axisLabel:{
55.                          color:'#000',
56.                      }
57.                  }
58.              ],
59.              series : [
60.                  {
61.                      name:'职位数量',
62.                      type:'bar',
63.                      barWidth: '60%',
64.                      markPoint : {
65.                          data : [
66.                              {type : 'max', name: '最大值'},
67.                              {type : 'min', name: '最小值'}
68.                          ]
69.                      },
70.                      data:{% for k,v in bar_data.items() %}{{v}}{%
endfor %}
71.                  }
72.              ]
73.          };
74.          ;
75.          if (baroption && typeof baroption === "object") {
76.              barChart.setOption(baroption, true);
77.
78.              $(window).resize(function(){
79.                  //重置容器高宽
80.                  resizeBarContainer();
81.                  barChart.resize();
82.              });
83.          }
```

2. 岗位分布（饼图）

岗位分布饼图显示效果见图 8-14。

微课 8-15
岗位分布

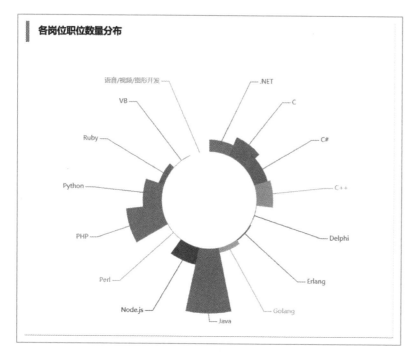

各岗位职位数量分布

图 8-14 岗位分布饼图显示效果

获取岗位分布数据：

```
pie_data = get_scatter_data_group_by_position(tag_id)
```

在模板文件 tag_data.html 中画饼图：

```
1.     var piedom = document.getElementById("main_pie");
2.                    //用于使 chart 自适应高度和宽度,通过窗体高宽计算容器高宽
3.                    var resizePieContainer = function () {
4.                        piedom.style.width = $(".right-container").width()+'px';
5.                        piedom.style.height = $(".right-container").height()+'px';
6.                    };
7.                    resizePieContainer();
8.                    var pieChart = echarts.init(piedom, 'dark');
9.                    var pieapp = {};
10.                   pieoption = null;
11.                   pieoption = {
12.                       backgroundColor:'#fff',
13.                       color:['#2ec7c9','#b6a2de','#5ab1ef','#ffb980','#d87a80',
'#8d98b3','#e5cf0d','#97b552'],
14.                       title : {
15.                           text: '各岗位职位数量分布',
16.                           left:'20',
17.                           top:'5',
18.                           textStyle:{color:"#000"}
```

```
19.                          },
20.                          tooltip : {
21.                              trigger: 'item',
22.                              formatter: "{a} <br/>{b} : {c} ({d}%)"
23.                          },
24.                          calculable : true,
25.                          series : [
26.                              {
27.                                  name:'职位数量',
28.                                  type:'pie',
29.                                  radius : ['30%', '70%'],
30.                                  center : ['50%', '55%'],
31.                                  roseType : 'area',
32.                                  data:{{pie_data|safe}}
33.                              }
34.                          ]
35.                      };
36.                      if (pieoption && typeof pieoption === "object") {
37.                          pieChart.setOption(pieoption, true);
38.
39.                          $(window).resize(function(){
40.                              //重置容器高宽
41.                              resizePieContainer();
42.                              pieChart.resize();
43.                          });
44.                      }
```

微课 8-16
月度职位数量变化趋势

3. 月度职位数量变化趋势（折线图）

获取月度数量变化趋势数据：

```
month_data = get_analysis_data_group_by_month(tag_id, None)
```

在模板文件 tag_data.html 中画折线图：

```
1.    //加载该标签月度折线图表
2.              var monthdom = document.getElementById("main_month");
3.              //用于使 chart 自适应高度和宽度,通过窗体高宽计算容器高宽
4.              var resizeMonthContainer = function () {
5.                  monthdom.style.width = $(".left-bottom").width()+'px';
6.                  monthdom.style.height = $(".left-bottom").height()+'px';
7.              };
8.              resizeMonthContainer();
9.              var monthChart = echarts.init(monthdom, 'walden');
```

```
10.                   var monthapp = {};
11.                   monthoption = null;
12.                   monthoption = {
13.                       title: {
14.                           text: '职位数量月度趋势',
15.                           left:'20',
16.                           top:'5',
17.                           textStyle:{color:"#000"}
18.                       },
19.                       backgroundColor:'#fff',
20.                       color:['#91dedf','#d5cbe9','#a7d3f2'],
21.                       xAxis: {
22.                           splitLine:{show: false},
23.                           type: 'category',
24.                           data: {% for k,v in month_data.items() %}{{k|safe}}
{% endfor %},
25.                           axisLabel:{
26.                               color:'#000',
27.                               }
28.                       },
29.                       yAxis: {
30.                           splitLine:{show: false},
31.                           type: 'value',
32.                           axisLabel:{
33.                               color:'#000',
34.                               }
35.                       },
36.                       series: [{
37.                           itemStyle : {
38.                               normal:
39.                               {
40.                                   color: '#5ab1ef',
41.                                   label :
42.                                   {
43.                                       show: true
44.                                   }
45.                               }
46.                           },
47.                           type: 'line',
48.                           smooth:true,
49.                               symbol: 'none',
50.                               sampling: 'average',
```

```
51.                              areaStyle: {
52.                                   normal: {
53.                                        color: new echarts.graphic.LinearGradient
                                         (0, 0, 0, 1, [{
54.                                             offset: 0,
55.                                             //color: '#3EF3F4'
56.                                             color: '#a5d1f0'
57.                                        }, {
58.                                             offset: 1,
59.                                             //color: '#3EF3F4'
60.                                             color: '#a5d1f0'
61.                                        }])
62.                                   }
63.                              },
64.                              data: {% for k,v in month_data.items() %}{{v}}{%
endfor %}
65.
66.                         }]
67.                    };
68.                    ;
69.                    if (monthoption && typeof monthoption === "object") {
70.                         monthChart.setOption(monthoption, true);
71.
72.                         $(window).resize(function(){
73.                              //重置容器高宽
74.                              resizeMonthContainer();
75.                              monthChart.resize();
76.                         });
77.                    }
```

4. 职位数量变化趋势图（折线图）
获取职位数量变化趋势数据：

微课 8-17
职位数量变化趋势图

```
area_data = get_area_data(tag_id, None)
```

在模板文件 tag_data.html 中画折线图：

```
1.    //加载该标签职位数量变化趋势图
2.              var areadom = document.getElementById("main_area");
3.              //用于使 chart 自适应高度和宽度,通过窗体高宽计算容器高宽
4.              var resizeAreaContainer = function () {
5.                  areadom.style.width = $(".right-bottom").width()+'px';
6.                  areadom.style.height = $(".right-bottom").height()+'px';
```

```
7.              };
8.              resizeAreaContainer();
9.              var areaChart = echarts.init(areadom, 'walden');
10.             var areaapp = {};
11.             areaoption = null;
12.             var areadate = [];
13.             var areadata = [];
14.
15.             {% for day_count in area_data %}
16.                 areadate.push([{{day_count.yy}}, {{day_count.mm}}, {{day_
count.dd}}].join('/'));
17.                 areadata.push({{day_count.dayCount}});
18.             {% endfor %}
19.
20.             areaoption = {
21.                 backgroundColor:'#fff',
22.                 color:['#91dedf','#d5cbe9','#a7d3f2'],
23.                 tooltip: {
24.                     trigger: 'axis',
25.                     position: function (pt) {
26.                         return [pt[0], '10%'];
27.                     }
28.                 },
29.                 title: {
30.                     text: '职位数量变化趋势',
31.                     left:'20',
32.                     top:'5',
33.                     textStyle:{color:"#000"}
34.                 },
35.                 xAxis: {
36.                     splitLine:{show: false},
37.                     type: 'category',
38.                     boundaryGap: false,
39.                     data: areadate,
40.                     axisLabel:{
41.                         color:'#000',
42.                     }
43.                 },
44.                 yAxis: {
45.                     splitLine:{show: false},
46.                     type: 'value',
47.                     boundaryGap: [0, '100%'],
48.                     axisLabel:{
49.                         color:'#000',
50.                     }
```

```
51.                    },
52.                    dataZoom: [{
53.                        type: 'inside',
54.                        start: 0,
55.                        end: 100
56.                    }, {
57.                        start: 0,
58.                        end: 100,
59.                        handleIcon:    'M10.7,11.9v-1.3H9.3v1.3c-4.9,0.3-8.8,
4.4-8.8,9.4c0,5,3.9,9.1,8.8,9.4v1.3h1.3v-1.3c4.9-0.3,8.8-4.4,8.8-9.4C19.5,16.3,15.6,12.2,10.7,
11.9z M13.3,24.4H6.7V23h6.6V24.4z M13.3,19.6H6.7v-1.4h6.6V19.6z',
60.                        handleSize: '80%',
61.                        handleStyle: {
62.                            color: '#fff',
63.                            shadowBlur: 3,
64.                            shadowColor: 'rgba(0, 0, 0, 0.6)',
65.                            shadowOffsetX: 2,
66.                            shadowOffsetY: 2
67.                        }
68.                    }],
69.                    series: [
70.                        {
71.                            name:'职位数量',
72.                            type:'line',
73.                            smooth:true,
74.                            symbol: 'none',
75.                            sampling: 'average',
76.                            itemStyle: {
77.                                normal: {
78.                                    color: '#5ab1ef'
79.                                }
80.                            },
81.                            areaStyle: {
82.                                normal: {
83.                                    color: new echarts.graphic.LinearGradient
(0, 0, 0, 1, [{
84.                                        offset: 0,
85.                                        color: '#a5d1f0'
86.                                    }, {
87.                                        offset: 1,
88.                                        color: '#a5d1f0'
89.                                    }])
90.                                }
91.                            },
92.                            data: areadata
```

```
93.                          }
94.                       ]
95.                   };
96.                   if (areaoption && typeof areaoption === "object") {
97.                       areaChart.setOption(areaoption, true);
98.
99.                       $(window).resize(function(){
100.                          //重置容器高宽
101.                          resizeAreaContainer();
102.                          areaChart.resize();
103.                       });
104.                   }
```

项目小结

1. 系统概述。
2. 响应式框架结构。
3. API 接口设计与实现。
4. 全局信息数据可视化。
5. 指定标签数据可视化。

参 考 文 献

[1] 姜枫，许桂秋. 大数据可视化技术[M]. 北京：人民邮电出版社，2019.

[2] 陈为，沈则潜，陶煜波，等. 数据可视化[M]. 2 版. 北京：电子工业出版社，2019.

[3] 单东林，张晓菲，魏然. 锋利的 jQuery[M]. 2 版. 北京：人民邮电出版社，2012.

[4] 吕国泰，何升隆，曾伟凯. 响应式网页设计：Bootstrap 开发速成[M]. 北京：清华大学出版社，2017.

[5] 李辉. Flask Web 开发实战：入门、进阶与原理解析[M]. 北京：机械工业出版社，2018.

读者意见反馈

为收集对教材的意见建议，进一步完善教材编写并做好服务工作，读者可将对本教材的意见建议通过如下渠道反馈至我社。

咨询电话　400-810-0598

反馈邮箱　gjdzfwb@pub.hep.cn

通信地址　北京市朝阳区惠新东街 4 号富盛大厦 1 座　高等教育出版社总编辑办公室

邮政编码　100029